设施辣椒害虫

生物防治技术

吴圣勇 主编

中国农业出版社
农村设物出版社
北 京

设施辣椒害虫生物防治技术

编 写 人 员

主 编 吴圣勇

参 编 王恩东 雷仲仁 徐学农 张克诚 卢晓红 张起恺 胡 彬 张治科 王登杰 李亚迎 杨清坡 邢振龙 张 烨

前言 Foreword

辣椒（含甜椒）是世界性的重要蔬菜作物，世界上有上百个国家种植辣椒。我国是世界第一大辣椒生产国与消费国，辣椒种植面积约占世界辣椒种植面积的40%。2019年，全国辣椒种植面积接近3 500万亩*，占蔬菜种植面积的12%以上，辣椒产量4 000万吨。作为我国重要的"菜篮子"产品，辣椒是人们一日三餐的常见品种。在辣椒种植上，我国在夏、秋季节以露地种植为主，在冬季以设施种植为主。随着我国设施农业的快速发展，辣椒的设施栽培面积也在逐年稳步增加，目前我国设施辣椒面积约占辣椒种植面积的27%。

设施环境在保障辣椒周年种植的同时，虫（螨）害问题越来越严重，并逐渐成为制约辣椒产业发展的瓶颈。相对于大田，设施环境中相对稳定的温、湿度为害虫发生创造了有利的条件。此外，连续单一种植作物不仅给害虫提供了稳定的食料条件，还由于重茬造成土壤病菌积累及土壤的板结、酸化问题，进一步影响了作物根系对水分和矿物质的吸收效果，从而导致植物长势和抗病虫能力下降。加上缺乏天敌的自然控制作用，害虫

* 亩为非法定计量单位，1亩 = 1/15公顷。全书同。

发生后繁殖迅速，容易暴发危害。大量害虫的取食和危害严重影响辣椒的安全生产和菜农的经济效益。

辣椒生长周期短，复种指数高，设施环境中虫害种类多、危害程度大。长期以来，化学农药一直是防治辣椒害虫的主要手段，使得环境污染、害虫抗性、农药残留等形势严峻。随着人们对农产品质量安全问题的日益关注，利用生物防治措施治理害虫成为趋势。从研究角度来说，目前一些优势天敌昆虫和生物农药的特性、效果及应用方式等已经明确；从应用角度来说，目前已经有很多生防作用物实现了商品化生产和应用。本书介绍了设施栽培条件下辣椒上常见的害虫种类、主要生物防治技术及应用案例，以期为辣椒害虫绿色防控及辣椒产业的绿色可持续发展提供参考。

编　者

2020年5月

目录 Contents

附表

第一章 设施辣椒常见害虫及危害

设施栽培中，封闭的环境及相对稳定的温湿度条件为害虫的发生和繁殖提供了便利条件，使得害螨、蓟马、蚜虫、粉虱、斑潜蝇等主要害虫的暴发成为可能。这些害虫的共同特点是体型小、繁殖快、抗药性强。在农业生产中，种植者对这些害虫都较熟悉，但由于这些害虫体型较小，在发生初期往往不易被发现，容易错过最佳防治时间。因此，及时发现这些小型害虫的发生和危害是防治的关键。此外，夜蛾类害虫和地下害虫也是辣椒上的重要害虫，温室大棚中发生后也会对辣椒造成严重危害。

上述几大类害虫中均包括几种不同的种类，且种类之间的形态和危害状相似，在生产中难以区分。本章从生产实践角度出发，分别列举了辣椒上几大类害虫的主要种类以及同类害虫的典型形态和危害特征，便于种植户识别。

一、以危害叶部为主的害虫

1.害螨

【主要种类】危害辣椒的害螨主要是侧多食跗线螨，又名茶黄螨、白蜘蛛。另外两种常见的害螨为朱砂叶螨和二斑叶螨，两者统称叶螨，俗称红蜘蛛。

【形态特征】侧多食跗线螨体型很小，体近似六角形，成螨体长约0.2毫米，肉眼不易发现，淡黄色至橙黄色，半透明，有光泽（图1）。叶螨成螨体长约0.45毫米，背面椭圆形，体色有绿色、黑色、黄色、红色。朱砂叶螨和二斑叶螨从形态和颜色上难以区分，容易混淆，区分二者最直接的依据是二斑叶螨在生长繁殖季节不会出现红色个体。图2和图3分别为朱砂叶螨和二斑叶螨成螨。

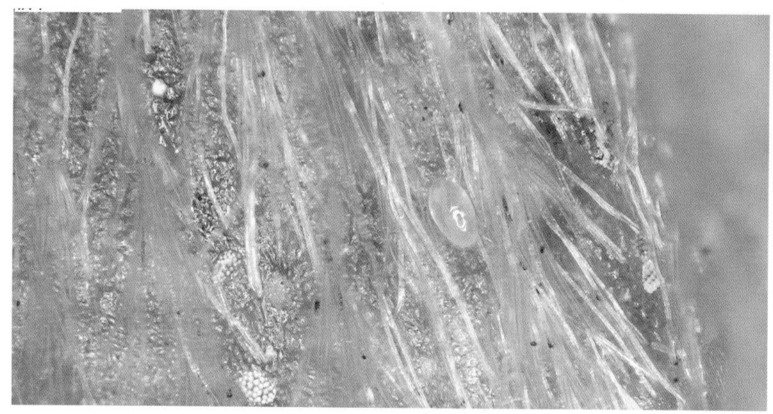

图1　侧多食跗线螨成螨
（李帅提供）

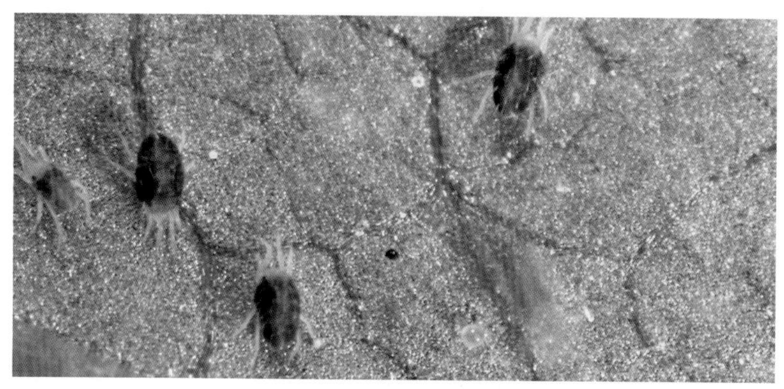

图2　朱砂叶螨成螨
（吴圣勇拍摄）

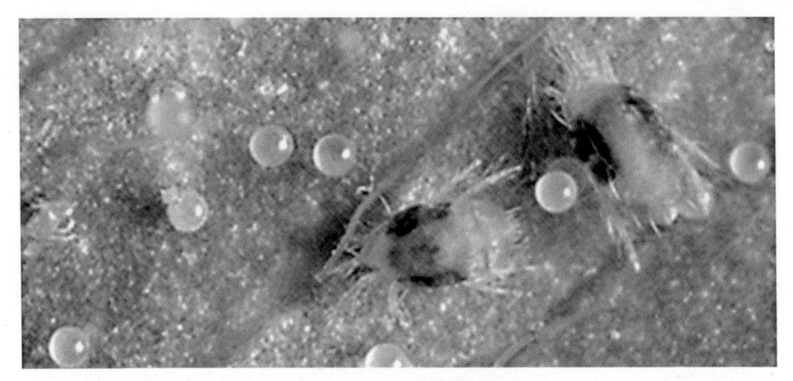

图3　二斑叶螨成螨
（王恩东拍摄）

【危害状】侧多食跗线螨以成螨和若螨集中于辣椒植株幼嫩部分刺吸汁液，被害叶片背面呈黄褐色油渍状，叶缘向背面卷曲；被害生长点皱缩畸形，叶片变小，跟病毒病有几分相似（图4）。区别在于侧多食跗线螨危害叶片的病健交界处明显，被

图4　侧多食跗线螨危害辣椒叶片
（Raymond A. Cloyd提供）

害叶片背面形成一层类似“锈”一样的黄褐色，而病毒病叶片上的花叶是不规则失绿，且叶片背面无“锈”层。侧多食跗线螨发生初期表现为明显的点片发生，往往形成中心被害点，之后逐渐向四周植物扩散蔓延。此外，侧多食跗线螨还可危害辣椒果实，导致果实、果柄呈锈褐色，表面失去光泽，僵化变硬（图5）。受害严重的植株表现为矮小、落叶、落花、落果，导致大幅减产。

图5　侧多食跗线螨危害辣椒果实
（胡彬拍摄）

叶螨多以成螨和若螨在叶片背面吸食汁液，受害叶片出现黄白色小点，叶片失绿（图6），严重时叶片如火烧状，直至枯死脱落。叶螨有吐丝的习性，密度大时，常见成螨聚集并吐丝结网（图7）。

图6 被叶螨危害的辣椒叶片
（张起恺拍摄）

图7 叶螨在辣椒上吐丝结网
（胡彬拍摄）

2.蓟马

【主要种类】危害辣椒的蓟马主要是烟蓟马、西花蓟马、花蓟马、茶黄蓟马。温室甜椒中可同时发生多种蓟马危害，并以烟蓟马和西花蓟马为主。

【形态特征】蓟马成虫体型纤细，长为0.5 ~ 2 毫米，体色多为黑色、褐色、黄色。成虫翅膀狭长，行动活跃，擅飞能跳。蓟马属于不完全变态中的过渐变态，初孵若虫体色透明，二龄若虫淡黄色至黄色，蛹体白色，身体变短。蓟马种类较多，农业生产中肉眼所见的蓟马形态相似，难以区分不同种类。图8为西花蓟马各龄期形态。

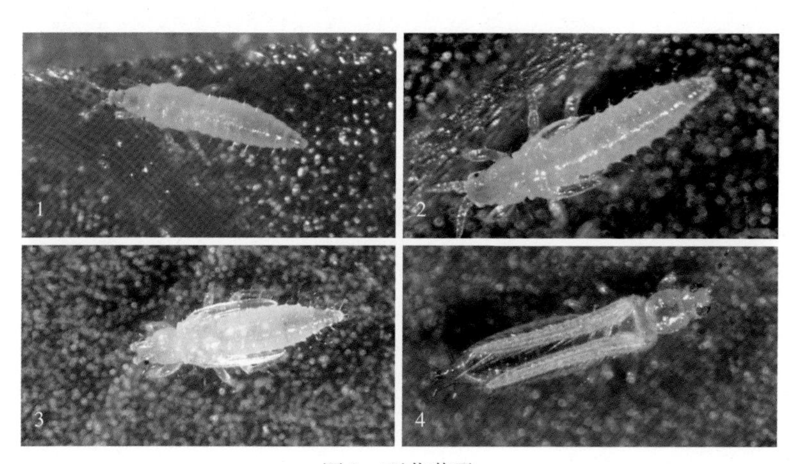

图8　西花蓟马
1.若虫　2.预蛹　3.蛹　4.成虫
（任小云拍摄）

【危害状】蓟马可取食辣椒茎、叶、花、果的幼嫩部位。叶片受害部位出现白色斑点（图9），常造成叶片皱缩、粗糙，嫩叶扭曲；花期危害最为严重，蓟马常躲藏于辣椒花蕾和花中

（图10），引起花蕾脱落；坐果期危害易造成幼椒老化、僵硬，果柄黄化；茎和果受害易形成伤疤。由于蓟马是锉吸式口器害虫，受害处往往会留下齿痕或由白色组织包围的黑色小伤疤，有的还造成辣椒畸形。据观察，从辣椒的苗期到盛花期，蓟马的危害逐渐增强，其发生高峰期与辣椒花期具有相关性。

图9　被蓟马危害的辣椒叶片
（张起恺拍摄）

图10　隐蔽于辣椒花中的西花蓟马
（张治科拍摄）

3.斑潜蝇

【主要种类】辣椒上的斑潜蝇主要是南美斑潜蝇、美洲斑潜蝇、三叶斑潜蝇和番茄斑潜蝇，几种经常混合发生。

【形态特征】斑潜蝇成虫虫体呈淡灰黑色，足为淡黄褐色，雌成虫体长为2.4 ~ 3.5毫米。卵乳白色，椭圆形，通常散产于叶片上下表皮之间的叶肉中。幼虫虫体呈黄色，潜食在叶肉组织中，老熟幼虫咬破叶片表皮钻出叶面，自然掉落在叶片或土壤表层化蛹，肉眼可见椭圆形、橙黄色的蛹。几种斑潜蝇形态相似，图11为南美斑潜蝇、美洲斑潜蝇和三叶斑潜蝇成虫。

图11 南美斑潜蝇（左）、美洲斑潜蝇（中）和三叶斑潜蝇（右）成虫
（张起恺拍摄）

【危害状】斑潜蝇主要以幼虫在叶片内蛀食，并形成不规则的蛇形虫道，虫道随幼虫的发育逐步增宽，通道两边有黑色粪便（图12）。幼虫危害破坏叶绿素和叶肉细胞，进而导致叶片光合作用下降，严重时叶片干枯，雨水进入后虫道变褐腐状。雌成虫用产卵器刺破叶片表皮，形成肉眼可见的白色刻点状刺孔。此外，幼虫危害形成的隧道和成虫刺伤可促使植物感染侵染性病害。

图12　斑潜蝇危害辣椒叶片
（张起恺拍摄）

4.粉虱

【主要种类】辣椒上的粉虱主要是烟粉虱和温室白粉虱，二者常混合发生。

【形态特征】粉虱成虫虫体呈淡黄色，体长为0.8～1.2毫米，温室白粉虱雌、雄成虫均比烟粉虱大。烟粉虱两翅合拢时呈屋脊状，两翅中间通常可见到黄色的腹部。两种粉虱的卵均为长椭圆形，一般肉眼很难看到；若虫有4个龄期，淡绿色至淡黄色；伪蛹黄色，比半粒芝麻小。图13和图14分别为烟粉虱和温室白粉虱。

【危害状】粉虱成虫有背光性，主要在叶片背面活动，以成虫、若虫群集辣椒叶背面刺吸汁液，被害叶片褪绿、发黄，植株长势衰弱。粉虱还能分泌蜜露污染茎、叶（图15）和果实（图16），引起煤污病，影响光合作用，使辣椒的商品价值降低。

图13　烟粉虱成虫（左）和若虫（右）
（王建赟拍摄）

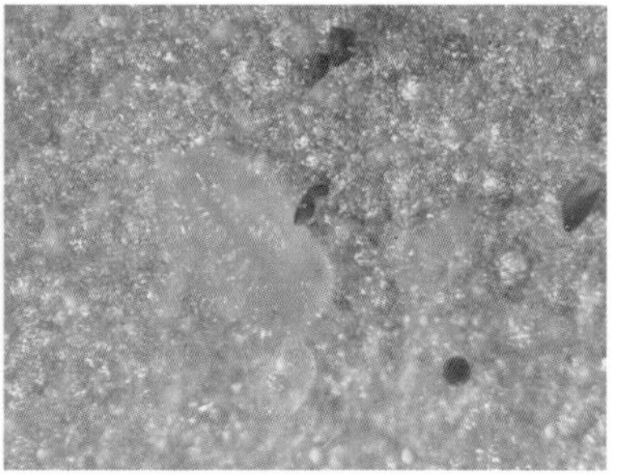

图14　温室白粉虱成虫（左）和若虫（右）
（谢文拍摄）

图15　烟粉虱在辣椒叶片表面引起的煤污症状
（胡彬拍摄）

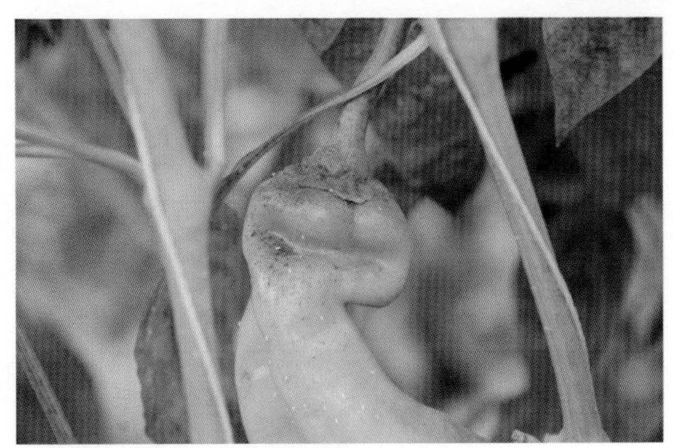

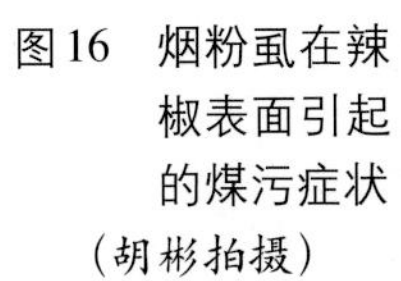

图16　烟粉虱在辣椒表面引起的煤污症状
（胡彬拍摄）

5.蚜虫

【主要种类】蔬菜蚜虫种类较多，危害辣椒的主要是棉蚜和桃蚜。发生在温室辣椒上的蚜虫多以桃蚜为主。

【形态特征】蚜虫为多态昆虫，同种有无翅和有翅两种类型。成虫体长为1.5 ~ 3.5毫米，多数为2毫米左右。触角多为6节。体色变异较大，一般根据种类不同和季节变化而有所不同。蚜虫有蜡腺分泌物，常见许多蚜虫体表有蜡层或蜡粉（图17）。

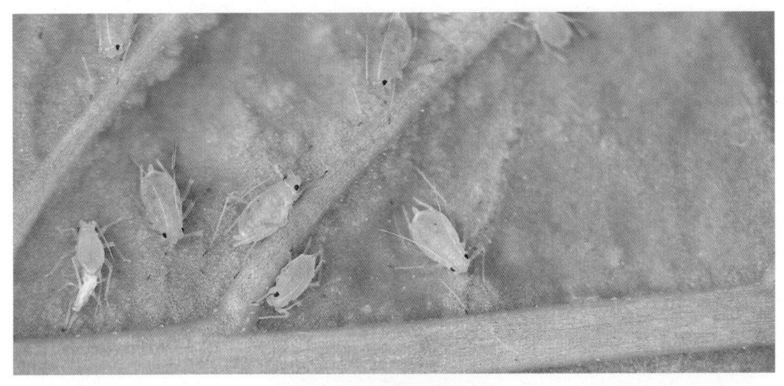

图17　桃蚜无翅成蚜
（曹贺贺拍摄）

【危害状】蚜虫以成虫和若虫群集在嫩叶背面吸食汁液，导致叶片变黄、卷缩，植株矮小，营养不良（图18）。在辣椒花期和果期，危害花梗和嫩果基部，导致花梗扭曲（图19）、果实畸形。此外，由蚜虫分泌的蜜露覆盖在叶片上，容易滋生细菌，造成煤污病，影响植株的光合作用；蚜虫还是多种病毒的传播者，如引起辣椒花叶病毒病。

图18　桃蚜聚集在辣椒嫩叶上危害（王恩东拍摄）

图19　桃蚜在辣椒花上聚集危害导致花梗扭曲（潘明真拍摄）

二、以危害果实为主的害虫

【主要种类】危害辣椒果实的害虫主要为鳞翅目夜蛾科害虫，主要有斜纹夜蛾、甜菜夜蛾、棉铃虫和烟青虫。危害温室辣椒的鳞翅目害虫中，甜菜夜蛾的比例占90%以上。此外，辣椒上也偶见小菜蛾和菜青虫危害。

【形态特征】斜纹夜蛾和甜菜夜蛾从形态上看，二者幼虫体色均多变，低龄幼虫区别不明显。斜纹夜蛾头部黑褐色，高龄幼虫头部有白色或浅黄色倒Y形纹（图20）。棉铃虫和烟青虫幼虫形态特征相似，体色都多变，且取食方式和危害状也相似，生产上容易混淆不清。用肉眼判断可见棉铃虫幼虫体表比烟青虫幼虫略显粗糙（图21）。

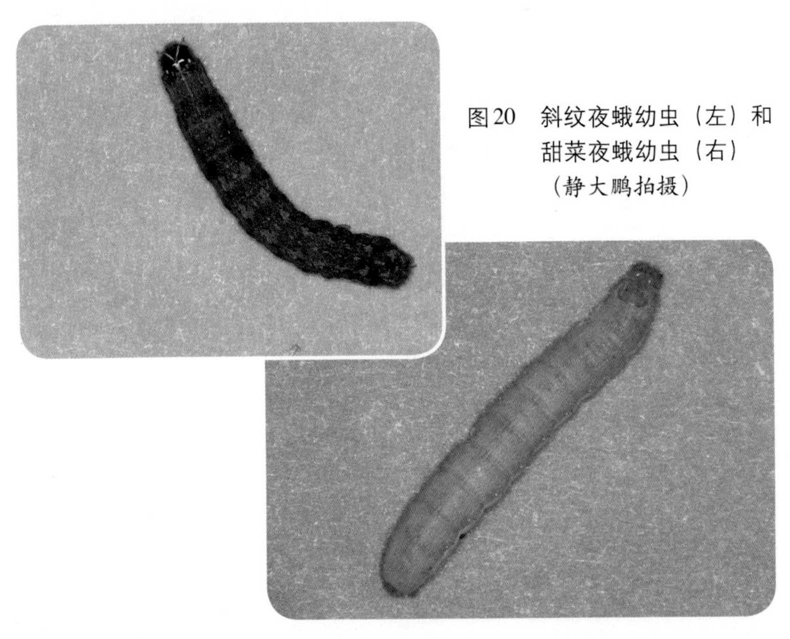

图20 斜纹夜蛾幼虫（左）和甜菜夜蛾幼虫（右）（静大鹏拍摄）

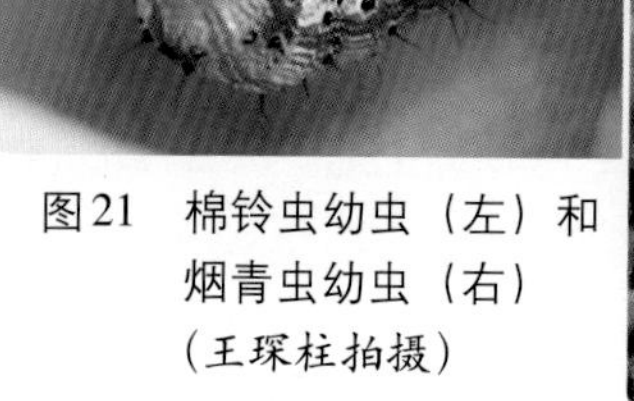

图21　棉铃虫幼虫（左）和烟青虫幼虫（右）
（王琛柱拍摄）

【危害状】甜菜夜蛾是一种食性很杂的害虫，寄主植物广，主要在幼虫期危害寄主植物，可危害花、叶和果实。低龄幼虫多聚集在辣椒心叶处结网危害，被害叶片呈现筛孔状，三龄以上幼虫取食叶片可形成缺刻，并可钻蛀果实，到四龄期之后进入暴食期。叶片被取食后呈现不规则的透明白斑，严重时只剩下叶秆或叶脉，危害果实后可造成落果烂果。高龄幼虫有昼伏夜出习性，喜欢傍晚后出来取食。设施环境中，一般在4月发生，7～8月是发生高峰期。据报道，甜菜夜蛾危害可引起辣椒平均减产20%～30%，严重的可达50%以上。甜菜夜蛾与斜纹夜蛾习性和危害状类似（图22），且二者经常混发。据研究者调查，在温室栽培的甜椒收获的前两周，如果平均一株辣椒植株上分别有0.2头、0.5头和0.8头斜纹夜蛾发生危害，最后可分别导致1%、3%和5%的果实受害率。

棉铃虫和烟青虫以幼虫蛀食叶、芽、蕾、花和果，常将花蕾和幼果吃空，导致果实腐烂脱落，造成辣椒严重减产。低龄幼虫以取食嫩叶和幼蕾为主，被害叶片的叶膜呈现透明状，三龄后取食量增加，被害叶片出现缺刻或孔洞。高龄幼虫可转株、转果危害，并有自相残杀的习性。棉铃虫蛀果严重时，可导致辣椒的落果和落花率达90%。图23为烟青虫危害辣椒果实状。

图22　甜菜夜蛾危害辣椒叶片状
（胡彬拍摄）

图23　烟青虫危害辣椒果实状
（胡彬拍摄）

三、地下害虫

【主要种类】危害辣椒的地下害虫主要有地老虎、蛴螬、蝼蛄、金针虫。地老虎又名土蚕、切根虫，主要有三种：小地老虎、大地老虎、黄地老虎，其中危害最严重的为小地老虎。蛴螬又名白土蚕、白地蚕，是金龟子的幼虫，主要有暗黑鳃金龟、铜绿丽金龟、黄褐丽金龟、华北大黑鳃金龟。蝼蛄又名拉拉蛄、土狗子，常见种类有华北蝼蛄和东方蝼蛄。金针虫又名铁丝虫、铁条虫、节节虫、磕头虫，主要为细胸金针虫和沟金针虫。设施栽培环境下，辣椒上的地下害虫危害很少发生，管理较好的保护地中基本不受地下害虫的困扰。

【形态特征】小地老虎成虫体长为16 ~ 23毫米，前翅深褐色，后翅灰白色；幼虫体长为37 ~ 47毫米，头淡黄色，体黑褐色，体背有很多大小不等的黑色颗粒（图24）。

图24 小地老虎
1.卵 2.幼虫 3.雄蛾 4.雌蛾
（谷少华拍摄）

蛴螬体型肥大，常弯曲成C形。蛴螬头大而圆，体表多为白色，腹部肿胀，体壁较柔软多皱（图25）。

图25 华北大黑鳃金龟（左）及其幼虫蛴螬（右）
（张帅拍摄）

蝼蛄成虫体长为39 ~ 50毫米，身体褐色；若虫形似成虫，体较小，初孵时体色为乳白色，后呈黄色，老熟若虫体色接近成虫（图26）。

图26　华北蝼蛄成虫（左）和若虫（右）
（杨析和李同川提供）

金针虫成虫身体细长，体长14 ~ 30毫米，体褐色，全身密被黄色短毛；末龄幼虫体长20 ~ 30毫米，体黄色（图27）。

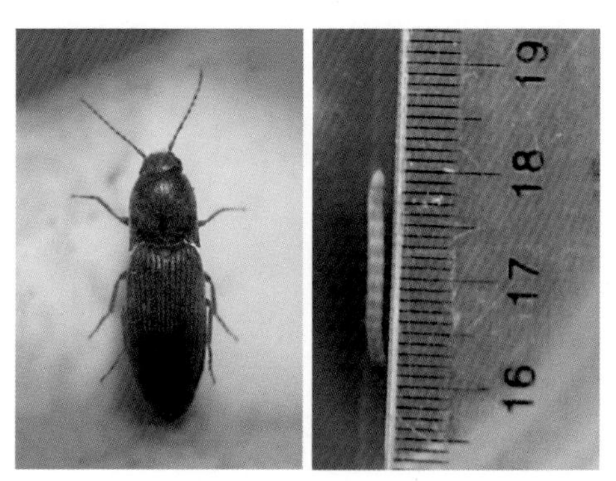

图27　细胸金针虫成虫（左）和幼虫（右）
（冯立超提供）

【危害状】地老虎主要以幼虫危害，对幼苗和刚定植的辣椒苗威胁严重。低龄幼虫昼夜活动，啃食嫩叶或新叶，被危害的叶片呈现孔洞、缺刻症状；三龄以上幼虫危害加重，有昼伏夜出习性，白天多隐蔽在根部2～6厘米深的土壤中，夜间活动，可直接咬断幼苗，常造成缺苗断垄。对较大的辣椒苗，咬食近地面的根颈嫩皮，导致辣椒苗地上部分枯萎；幼虫还能爬上植株，咬断嫩尖部分。

蛴螬白天隐蔽于土壤中，晚上出来活动和取食，可直接咬断辣椒幼苗的根、茎，造成苗地上部分枯萎。

蝼蛄有昼伏夜出的习性，晚上出来咬食辣椒的根部和嫩茎部分，常把茎秆咬断或扒成麻状；由于蝼蛄多在土层内穿行，使得表土层隆起，其爬过的地方常形成镂空，并形成隧道，导致幼苗根系与土壤分离，造成幼苗失水失肥而死。

金针虫主要危害辣椒幼苗的根部，被危害的辣椒幼根、嫩茎出现小孔，辣椒生长衰弱，直至死苗；对于较大的辣椒苗，啃食土表以下茎基部皮层，容易造成倒伏。

第二章 设施辣椒害虫生物防治方法及案例

针对设施辣椒上的主要害虫，其生物防治措施主要是应用天敌昆虫，包括捕食性和寄生性两类。辣椒害虫的捕食性天敌主要有捕食性瓢虫、草蛉、小花蝽、食蚜蝇、捕食螨、蜘蛛、螳螂等；寄生性天敌主要是寄生蜂。由于天敌昆虫一般对化学农药比较敏感，种植户往往误将天敌昆虫，尤其是其未成熟虫态当作害虫来杀灭。因此在农业生产中，保护地作物上很少见到自然发生的天敌昆虫，应加强保护和人为助迁天敌昆虫。目前国内已经有不少科研单位和企业实现了多种天敌的商品化生产，在害虫发生后，人工释放天敌产品也是防治害虫的有效途径。一般来说，天敌产品的包装有卵卡、盒装、袋装、瓶装等，农户可根据害虫的发生量，并结合产品使用说明和注意事项，合理应用天敌产品，能有效控制害虫种群和危害。

此外，微生物农药，如球孢白僵菌、苏云金杆菌、颗粒体病毒、昆虫病原线虫以及植物源农药，如苦参碱、藜芦碱、印楝素、除虫菊素、苦皮藤素等常用于设施辣椒害虫防治。为了提高害虫生物防治效果，近年来，联合应用天敌昆虫与微生物农药也成为一项重要措施。

国内外相关科研人员和辣椒种植者通过应用各种生防措施，在很大程度上控制了辣椒害虫种群，提高了辣椒生产的经济价值。由于生防产品种类较多，其应用条件、应用方式、靶标作物、防治对象等差异较大，即使是同一种产品，其在剂型（微生物和植物源农药）和质量（天敌昆虫）上也存在差异。因此在实际应用中，不同地区、不同作物，甚至是不同使用者应用生防产品后也可能出现不同的效果。例如，烟蚜茧蜂是蚜虫的有效天敌，实践表明，其应用在辣椒上可显著控制蚜虫危害，但在黄瓜上却难以发挥作用。再如，球孢白僵菌在春、秋季温湿度适宜的设施辣椒中对蓟马具有很好的防治效果，但在高温低湿的设施环境中效果就大打折扣。

本章以设施辣椒害虫（螨）为防治对象，总结了设施辣椒常见害虫的生物防治方法，并列举了一些国内外在应用生防措施后获得相对成功的案例。在实际应用中，为了提高害虫生物防治效果，也可以同时应用多种生防措施。例如，在使用捕食螨防治辣椒害螨或粉虱时，可采取单独释放斯氏钝绥螨的方式，而在防治辣椒蓟马时，采取捕食螨与小花蝽同时释放的方式，可提高对蓟马的控制效果。此外，由于在生产中经常会出现多种害虫同时发生的情况，也可以参考这些案例，应用杀虫谱较广的生防作用物或者对多种生防措施进行适当组合应用。例如，在辣椒8 ～ 10叶期按照0.5 ～ 1头/米^{2}的量释放杂食性天敌东亚小花蝽，在7 ～ 10天后，对叶螨和蓟马的防治效果均在97%以上；按照1头/米^{2}的释放量，对蚜虫的防治效果最高达96%，显著高于0.5头/米^{2}释放量的效果。

一、防治害螨

1.主要生物防治方法

【释放捕食螨】 捕食螨是一类具有捕食作用的螨类。捕食螨体型很小，多数体长不超过1毫米，用肉眼很难看见。国内研究和应用较多的捕食螨属于植绥螨科，目前已有多种捕食螨实现了商业化生产，如胡瓜新小绥螨、巴氏新小绥螨、智利小植绥螨、加州新小绥螨、斯氏钝绥螨、剑毛帕厉螨，并已经推广应用于设施蔬菜中防治害虫。其中，用来防治叶螨的主要种类有胡瓜新小绥螨、加州新小绥螨、巴氏新小绥螨和智利小植绥螨；用来防治茶黄螨的主要种类为斯氏钝绥螨和胡瓜新小绥螨。图28和图29分别为巴氏新小绥螨和智利小植绥螨正在捕食叶螨。

图28　巴氏新小绥螨正在捕食叶螨
（吴圣勇拍摄）

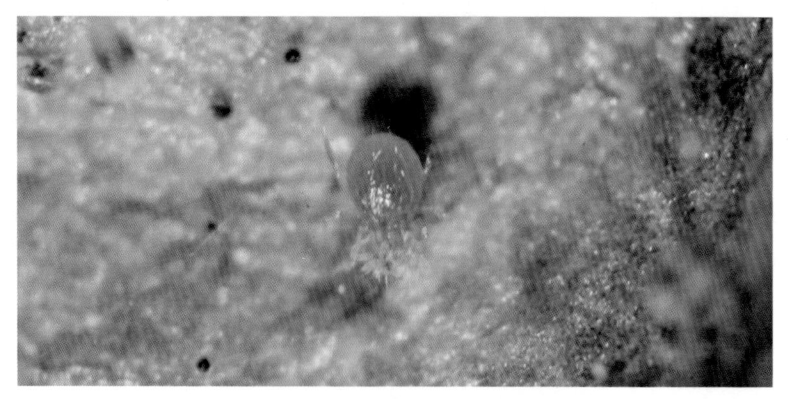

图29　智利小植绥螨正在捕食叶螨
（李亚迎拍摄）

捕食螨产品主要是袋装和瓶装形式。目前无论是挂袋还是撒放，主要还是人工释放方式。在释放策略方面，为实现较好的防效，通常需要在有害生物较低密度时释放，待有害生物密度较高时往往已经错过了最佳防控时机。由于商品化的捕食螨产品中往往含有替代猎物或人工饲料用以维持捕食螨在运输过程中或食物不足情况下的取食，因此，在害螨发生之前，可采取预防式的释放策略，且捕食螨可通过取食替代猎物来保持种群，对于设施栽培的辣椒，可按照50 ～ 200头/米^{2}的量释放；当害螨发生密度达到5头/株后，可采取淹没式释放策略，以250 ～ 400头/米^{2}的量释放，每2周释放1次。根据害螨的发生密度，可适当调整释放量和释放次数。建议在释放捕食螨之前进行清园，如可采取喷1遍植物源农药的方式。注意不要在极端高、低温天气或雾霾天气释放捕食螨；使用化学杀虫剂（杀菌剂）前后释放捕食螨，要注意化学药剂的安全间隔期。

【应用昆虫病原真菌】昆虫病原真菌是广泛应用于农林害虫防治的一类重要生防微生物。其中，研究和应用较多的主要是白僵菌属、绿僵菌属、轮枝菌属和拟青霉属。目前，普遍的应用方式是将微生物有效成分，即具有杀虫活性的病原真菌孢子溶解于溶剂中，然后通过喷雾法施用到发生害虫的作物叶片上。病原真菌通过孢子接触虫体，孢子萌发侵入并寄生于寄主害虫，最终导致害虫死亡。病原真菌侵入害虫的途径主要是体壁，也可以通过消化道、气门、伤口、节间膜等途径侵入。

用于防治害螨的昆虫病原真菌主要是球孢白僵菌、金龟子绿僵菌和玫烟色拟青霉。在辣椒害螨发生后，按照相应的病原真菌使用说明配置溶液，并均匀喷施到辣椒叶片上，连续喷施3 ～ 5次，每次间隔5 ～ 7天。以球孢白僵菌可湿性粉剂为例，叶螨发生后，根据发生密度，兑水配置浓度为1×10^6 ～ 1×10^9孢子/毫升的溶液，叶片喷施，7 ～ 10天后可见效果，感染白僵菌后的叶螨身体干瘪僵硬，湿度大时，从叶螨体表长出菌丝(图30)。白僵菌对成螨效果要好于若螨。

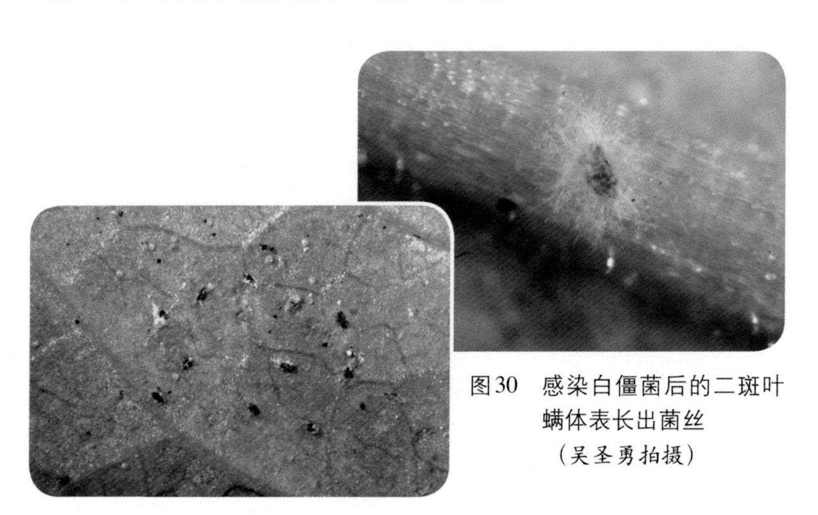

图30　感染白僵菌后的二斑叶螨体表长出菌丝
（吴圣勇拍摄）

2.试验或应用案例

【释放胡瓜新小绥螨】据以色列研究者2003年报道，在面积为7米×15米的小温室中，各种植两个品种的辣椒90株，发生茶黄螨危害后，在辣椒植株上悬挂袋装的胡瓜新小绥螨（500头/袋），共使用25袋，每袋间隔2米，之后每2周调查一次茶黄螨种群。结果表明，释放胡瓜新小绥螨后，茶黄螨的种群迅速降低，相对于对照，茶黄螨虫口数量在之后的2个月内一直处于非常低的水平。

【应用昆虫病原真菌】据塞尔维亚研究者2013年报道，在温室辣椒中，当二斑叶螨发生后，喷施浓度为2.3×10^4孢子/毫升的球孢白僵菌悬浮剂（孢子悬浮在植物油中），喷施2次，每次间隔5天。喷施白僵菌后的第8天和第16天调查，二斑叶螨的种群均降低97%以上。

据马来西亚研究者2007年报道，在温室辣椒中分别喷施浓度为1×10^{10}孢子/毫升的球孢白僵菌、金龟子绿僵菌和玫烟色拟青霉防治茶黄螨，连续喷施4次，每次间隔5天。在喷施第4次后，被螨危害后的辣椒嫩芽平均恢复率分别为93%、47%和73%。其中，喷施白僵菌对茶黄螨有显著的控制效果，在喷施第4次后，害螨种群被控制在非常低的水平，最低为零发生。

二、防治蓟马

1.主要生物防治方法

【释放小花蝽】小花蝽是世界范围内重要的捕食性天敌昆虫之一，具有食性杂、活动和捕食能力强的特点，可以捕食设施蔬菜上常见的小型害虫，如蓟马、粉虱、蚜虫、叶螨等。国内研究和应用较多的主要是东亚小花蝽、南方小花蝽和微小花蝽。小花蝽成虫和若虫都可以捕食害虫，尤其对蓟马有显著的控制能力。一头东亚小花蝽在理论上对蓟马的日最大捕食量为51头。图31和图32分别为东亚小花蝽正在捕食蓟马和蚜虫。

图31　东亚小花蝽成虫正在捕食蓟马成虫
（王建赟拍摄）

图32　东亚小花蝽若虫正在捕食蚜虫
（王建赟拍摄）

辣椒上蓟马发生初期就可释放小花蝽成虫或若虫。商品化的小花蝽多采用瓶装形式，释放时将小花蝽连同饲养基质一并撒施到辣椒叶片上。根据害虫发生密度确定合适的释放量。害虫发生初期，可按照0.5头/米^{2}的量释放，结合害虫密度的发展情况，可酌情采取每周释放1次的方式，连续释放3～5次；当平均每株植物上害虫发生量达到5头时，则适当增加小花蝽的释放量。害虫发生初期释放小花蝽是成功控制害虫的关键。此外，小花蝽对很多药剂都较为敏感，释放期间，注意慎重用药。最新研究（2020年）发现，温室辣椒发生西花蓟马危害后，在释放东亚小花蝽时，同时使用低剂量（致死率在20%以下）的新烟碱类农药可以提高对蓟马的防效，且成本较低。

【应用球孢白僵菌】球孢白僵菌是一种常见的寄生性昆虫病原真菌，由于寄主广泛、易于培养、致病性强、对环境和人畜安全等特点，已被广泛应用于多种害虫的生物防治中。球孢白僵菌常用来防治鳞翅目害虫，对设施蔬菜上的其他小型有害生物，如蚜虫、粉虱、蓟马、叶螨以及一些地下害虫也具有较好的防治效果。以蓟马为例，成虫接触孢子后，一般在72小时内就可感染致死，并从蓟马体内长出菌丝（图33）。国内外均报道过球孢白僵菌对蓟马具有较高的致病力和良好的防治效果。近年来，针对蓟马的生物防治，国内一些新的高毒力菌株被筛选出来，且均表现出了对蓟马有较高的防治潜力和应用价值。例如，2018年登记在辣椒上的球孢白僵菌可湿性粉剂（登记证号为PD20183086）的防治对象即为蓟马。

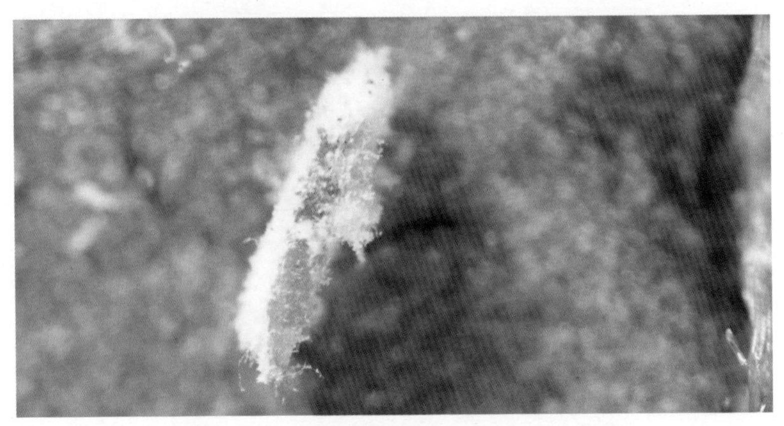

图33　西花蓟马蛹感染球孢白僵菌后的症状
（张兴瑞拍摄）

球孢白僵菌剂型多为可湿性粉剂，也有少量颗粒剂。对于商品化的可湿性粉剂（以含孢量150亿孢子/克为例），按照说明书要求，直接称取一定量，然后兑水配置成孢子溶液喷雾即可。在蓟马发生期间，可配置浓度为1×10^{8} ～ 1×10^{10}孢子/毫升，按照30 ～ 40升/亩的量均匀喷施辣椒叶片，喷施2 ～ 4次，每次间隔10 ～ 14天。由于球孢白僵菌不耐高温和紫外线，因此建议在傍晚喷施。此外，球孢白僵菌在高湿的条件下效果更好，可选择阴雨天或棚室湿度较大的时候喷施。温室应用后，被球孢白僵菌感染后的蓟马在5 ～ 7天内会形成僵虫（图34），湿度大时，感染球孢白僵菌的蓟马在7 ～ 10天内体表会长出菌丝（图35）。

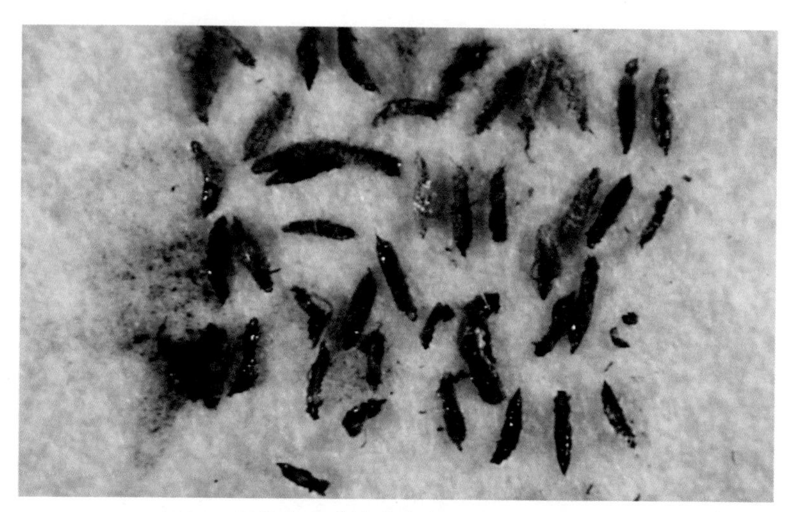

图34　西花蓟马感染球孢白僵菌后形成的僵虫
（吴圣勇拍摄）

图35　西花蓟马感染球孢白僵菌后长出菌丝
（吴圣勇拍摄）

对于球孢白僵菌颗粒剂（以含孢量90亿孢子/克为例），可采取预防式和防治性两种应用方法。前者是在棚室辣椒定植前，按照10 ~ 20克/米^{2}的量将颗粒剂撒施于土壤表面，并用农具均匀混合后打垄；或者是在辣椒定植缓苗后，在植株根际周围撒施颗粒剂（10克/米^2）。后者是在辣椒生长期间蓟马发生后撒施，根据蓟马发生程度，可适当增加撒施量和次数，每次间隔7 ~ 10天。施用颗粒剂后，可适当浇水，增加土壤湿度，以促进孢子在土壤中的繁殖和发挥其持续杀虫作用。两种方法的作用方式都是防治地下的蓟马虫态（蛹），并通过打断蓟马生活史的方式来控制蓟马种群。

【联合应用球孢白僵菌和捕食螨】由于蓟马体型小、繁殖快、易于隐蔽，如果防治措施不当或者错过最佳防治时期，将难以控制其种群增长。为了提高对蓟马的控制效果，近年来，联合应用球孢白僵菌和捕食螨被证明是行之有效的方法。对于捕食螨来说，根据防治蓟马的虫态不同，选择的捕食螨种类也不同，例如，防治蓟马地上部分低龄虫态的捕食螨种类主要有胡瓜新小绥螨和巴氏新小绥螨。图36为巴氏新小绥螨正在攻击蓟马。胡瓜新小绥螨雌成螨搜索能力和攻击能力强，1头成螨在

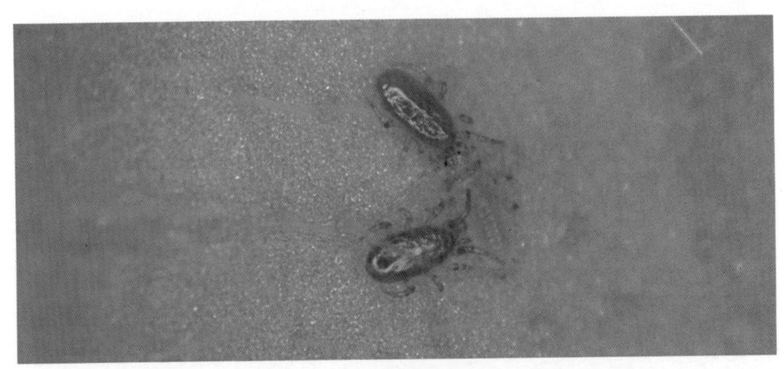

图36　两头巴氏新小绥螨同时攻击一头蓟马若虫
（李亚迎拍摄）

甜椒上对蓟马若虫的日捕食量最高可达10头；防治蓟马地下部分虫态（蛹）的捕食螨种类主要是剑毛帕厉螨。图37为剑毛帕厉螨正在捕食蓟马蛹。

图37　剑毛帕厉螨正在捕食蓟马蛹
（吴圣勇拍摄）

联合应用球孢白僵菌和捕食螨的方法也有预防式和防治性两种。预防式应用是在棚室辣椒定植缓苗后，在辣椒根部附近土壤表层撒施球孢白僵菌颗粒剂（10克/米²），或者释放剑毛帕厉螨（50～100头/米²），或者二者同时应用。此外，在辣椒生长期，尚未发现蓟马危害时，也可采取预防式方法释放巴氏新小绥螨或胡瓜新小绥螨（50～100头/米²）。需要说明的是，对于巴氏新小绥螨和胡瓜新小绥螨来说，它们可以取食替代猎物、花粉或蜜露作为补充食物来存活；对于剑毛帕厉螨来说，它们具有取食广谱性特点，可捕食其他多种小型节肢动物，且相对于其他捕食螨，其虫体较大，活动能力、对猎物的攻击能力、对环境的适应能力和耐饥饿能力都较强，可在蓟马发生之前的半个月甚至更长时间存活并维持种群，因此均可提前预防式释放。建议预防式释放捕食螨可适当减少释放量。如果采取联合应用捕食螨和球孢白僵菌的方式，要注意尽量保证捕食螨和白僵菌撒放均匀。防治性措施是在蓟马发生后，联合应用球孢白僵菌和捕食螨，在植株叶片部分按照300 ~ 500头/米^{2}均匀释放巴氏新小绥螨或胡瓜新小绥螨，每周释放1次，释放3 ~ 5次，1 ~ 2周后，可再喷施1次球孢白僵菌可湿性粉剂；土壤层按照250头/米^{2}的量在辣椒土壤根部均匀释放剑毛帕厉螨，每1 ~ 2周释放1次，释放1 ~ 3次，同时可撒施1次球孢白僵菌颗粒剂。

球孢白僵菌和捕食螨联合应用是根据蓟马地上和地下虫态生活史的特点而采取的立体防控措施，且球孢白僵菌和捕食螨在作用方式上具有互补和协同增效的作用，对蓟马有较强的控制能力，但联合应用成本增加。因此，在生产实践中，应根据害虫发生情况和使用成本采取适合的联合应用方式。一般来说，在蓟马发生前，可采取单一的释放捕食螨或应用球孢白僵菌颗粒剂进行预防；在蓟马发生后，根据蓟马的发生密度采取不同的菌螨联合应用策略。通常在蓟马发生密度较低时，采取先释放捕食螨再应用球孢白僵菌的策略，在蓟马发生密度较高时，采取先喷施球孢白僵菌再释放捕食螨的策略。注意叶片喷施球孢白僵菌可湿性粉剂和叶片部位释放捕食螨应间隔7 ~ 14天。根据蓟马的发生情况，可适当增加菌与螨的使用量和次数。此外，使用化学杀虫剂或杀菌剂时，需要过了安全间隔期后，再释放捕食螨。

【应用植物源农药】 植物源农药是指那些自然界存在的，经过人工合成或从自然植物中分离或派生的化合物。植物源杀虫剂的活性成分主要是植物次生代谢物质，对害虫的作用机理归纳起来主要有毒杀、拒食和忌避。植物源农药具有高效、低毒、广谱性、不污染环境的特点，但药效发挥较慢，且受环境因素影响较大。常见的植物源农药有鱼藤酮、印楝素、除虫菊素、苦参碱、藜芦碱、烟碱等，均广泛应用于蔬菜害虫防治中。蓟马发生后，根据对应的药剂使用说明配制后，对叶片正反面均匀喷雾，每隔7天喷施1次，连续喷雾2 ～ 3次防效更好。

需要注意的是，由于植物源农药的活性成分大多数含量较低，且在阳光下和空气中容易分解，因此在傍晚或阴天喷药效果更好。此外，配药所用水的温度在20℃以上将有助于提高药效。

2.试验或应用案例

【释放小花蝽】据国内研究者2018年报道，以2头/米^{2}的量在温室辣椒上释放东亚小花蝽，采取每周释放1次，连续释放3次的方式，在14天后，小花蝽对蓟马的防效为96%，且与对照药剂乙基多杀菌素相比没有显著差异。此外，调查还发现东亚小花蝽对辣椒上蓟马的防治效果优于茄子和黄瓜。

另据意大利研究者2008年报道，在温室甜椒的整个生长季，西花蓟马和烟蓟马同时发生后，通过采取每两周释放1次小花蝽的方式，并让蓟马与小花蝽的种群比例小于或等于50 ： 1，可以将蓟马种群控制在很低的水平。但需要注意的是，释放小花蝽期间不能喷施化学农药。

【释放斯氏钝绥螨】据荷兰研究者2005年报道，在温室辣椒开花期，即辣椒定植后第23 ～ 26周的4周内，按照每周2头/株的量，人为释放西花蓟马雌成虫于辣椒叶片中，并于第24周释放斯氏钝绥螨，雌成螨释放量为30头/株，之后每周采集30片叶和10朵花调查螨和蓟马数量。结果表明，斯氏钝绥螨在释放后很快在辣椒上成功建立种群，并持续增长，到第30周的时候，斯氏钝绥螨种群达到6头/叶。调查发现对照中花上的蓟马达到20头/朵以上，而在释放斯氏钝绥螨的处理中，辣椒花中几乎没有发现蓟马。此外，与释放胡瓜新小绥螨的效果相比，斯氏钝绥螨无论在种群建立的速度上还是在控制蓟马的效果上都优于胡瓜新小绥螨。

【应用球孢白僵菌】 据美国研究者2007年报道，在辣椒温室中，按照每100升水0.5升药剂的量喷施球孢白僵菌（商品名为BotaniGard®）于辣椒叶片上，每周喷施1次，可显著降低茶黄蓟马的成虫和若虫种群。

【应用植物源农药】 据国内研究者2014年报道，在面积为773米^{2}的辣椒温室中，烟蓟马发生后，试验设置6个处理，分别为0.3%苦参碱水剂每100米^2 2.7克、0.5%藜芦碱可溶性液剂每100米^2 6克、3个化学农药处理（乙基多杀霉素、多杀霉素、甲维·虫酰肼）和对照处理。施药7天后，苦参碱和藜芦碱对烟蓟马的防效分别为78%和74%，3种化学农药的防效为90%～97%。

另据国内研究者2014年报道，在温室甜椒中，当西花蓟马发生后，试验设置5个植物源农药处理，即0.6%苦参碱水剂、0.5%印楝素乳油、1%虫菊·苦参碱微囊悬乳剂、1.5%除虫菊素水乳剂、7.5%鱼藤酮乳油，及4种非植物源药剂，即1%甲氨基阿维菌素苯甲酸盐微乳剂、1.8%阿维菌素乳油、2%高氯·甲维盐微乳剂、6%乙基多杀菌素悬乳剂。施药后7天，苦参碱、印楝素、除虫菊素和鱼藤酮对西花蓟马的防治效果均能达到66%以上，比非植物源农药（除了阿维菌素）持效性好。

三、防治斑潜蝇

主要生物防治方法

【保护和利用寄生蜂】 斑潜蝇的寄生蜂种类丰富，主要包括茧蜂科、姬小蜂科和金小蜂科。国内外多年的研究和实践表明，通过引进寄生蜂或利用本地寄生蜂在防治斑潜蝇上取得了成功。国外有斑潜蝇寄生蜂实现商品化并注册为生物制剂的报道，目前国内对斑潜蝇寄生蜂的研究多集中在种类鉴定、生物学和生态学方面，部分优势种在大量饲养和释放应用方面也取得了很大进展。图38为豌豆潜蝇姬小蜂成虫，图39为豌豆潜蝇姬小蜂幼虫寄生在斑潜蝇幼虫体外。

图38 豌豆潜蝇姬小蜂雄成虫（左）和雌成虫（右）（刘万学提供）

图39　豌豆潜蝇姬小蜂幼虫寄生在斑潜蝇幼虫体外
（黑色为斑潜蝇幼虫，黄色为姬小蜂幼虫）
（张毅波拍摄）

田间调查发现，在不施药或少施药的环境中，寄生蜂的自然寄生作用能将斑潜蝇幼虫危害控制在经济允许损失水平以下。然而，寄生蜂对很多广谱性的化学农药很敏感，杀虫剂对寄生蜂的杀伤作用是导致斑潜蝇种群增长和持续危害的重要原因。因此，通过保护或助迁斑潜蝇的天敌寄生蜂，创造有利于寄生蜂繁殖的环境，可发挥寄生蜂对斑潜蝇的自然控制作用。以豌豆潜蝇姬小蜂为例，在户外蚕豆生长后期，通过人工采集带有寄生蜂（斑潜蝇被寄生）的蚕豆叶片并置于放蜂笼中，将笼放入温室中，待寄生蜂羽化飞出后，再将蚕豆叶片和笼移出温室，可实现对温室斑潜蝇的寄生（90%以上的斑潜蝇寄生蜂都是寄生幼虫阶段）。这种人工助迁本地寄生蜂防治温室斑潜蝇的方法，简单有效，对斑潜蝇有持续的控制作用。

斑潜蝇发生后，也可以采取人为释放寄生蜂的方法。释放寄生蜂的量取决于斑潜蝇的发生密度，可通过悬挂诱虫板的方式监测斑潜蝇的发生情况。以豌豆潜蝇姬小蜂为例，当在诱虫板上发现斑潜蝇时，即可释放姬小蜂，释放密度为每100米^2 10～50头，每周释放3～4次，直到叶片上没有新的潜道；如果斑潜蝇危害加重，可适当增加释放量和次数。由于中午释放的寄生蜂容易集中飞到棚室上部，建议在早上或晚间释放寄生蜂。释放豌豆潜蝇姬小蜂应选择较低的温度，如15～20℃。需要注意的是，释放寄生蜂前后应避免使用化学杀虫剂，但可少量使用杀菌剂、植物源杀虫剂和昆虫生长调节剂。

【应用植物源农药】植物源农药中的多种药剂，如苦参碱、藜芦碱、印楝素、除虫菊素对斑潜蝇都有较好的防治效果。利用植物源杀虫剂防治害虫应采用“治早、治小”的原则，即在斑潜蝇一至二龄幼虫发生初期，根据对应的药剂使用说明配制后，对叶片正反面均匀喷雾，每隔5～6天喷1次，连续喷雾2～3次防效更好。几种植物源农药可以轮换使用。

四、防治粉虱

1.主要生物防治方法

【释放丽蚜小蜂】丽蚜小蜂是烟粉虱和温室白粉虱的重要寄生性天敌昆虫，在20世纪70年代就成功应用于温室作物中控制粉虱。丽蚜小蜂通过寄生和取食粉虱若虫来控制粉虱的数量，对二至三龄粉虱若虫的寄生行为要多于其他龄期。丽蚜小蜂对辣椒上烟粉虱三龄若虫的寄生率约为30%。图40为丽蚜小蜂成虫。

商品化生产的丽蚜小蜂主要是盒装的蜂卡（被寄生的粉虱蛹卡）形式，有片式卡、纸本卡和纸袋卡；此外，还有一种瓶装形式，是以蜂蛹和碎木屑为介质装在一起。应用时，若是蜂卡形式，将带有挂环的蜂卡悬挂在辣椒植株上，羽化后的丽蚜小蜂成虫就可以扩散并寄生烟粉虱；若是瓶装形式，将蜂蛹连同基质一并撒在植物叶片上。粉虱发生初期，按照20头/米^{2}的量释放。根据粉虱的发生程度和产品说明，可适当增加释放量和释放次数。

图40 丽蚜小蜂成虫

（王建赟拍摄）

【释放烟盲蝽】烟盲蝽是一类杂食性昆虫，可以取食植物的汁液、花粉、花蜜，从这个角度来说，它属于害虫，但烟盲蝽还可以作为天敌昆虫捕食一些体型小、体柔软的节肢动物，如蓟马、蚜虫、粉虱、害螨以及一些昆虫的卵和低龄幼虫。实践证明，烟盲蝽对温室白粉虱的控制作用显著。目前，国内外对烟盲蝽属于天敌昆虫还是害虫还存在争论，但其在温室害虫生物防治中一直具有较大的应用潜力。图41为烟盲蝽成虫，图42为烟盲蝽捕食粉虱成虫。

根据设施栽培条件下辣椒生长阶段和害虫发生密度，适时释放烟盲蝽。需要注意的是，由于烟盲蝽并不危害营养生长阶段的植物，但可危害开花、结果期植物，因此需要注意释放时间，一般在粉虱发生初期（植物开花、结果前），可按照每植株1～2头烟盲蝽的密度释放，每周释放1次，连续释放2～3次。目前商品化的烟盲蝽多为盒装的虫卡或瓶装形式，如果是虫卡，可将其悬挂于辣椒枝叶上；如果是瓶装，可将烟盲蝽轻轻撒在辣椒叶面上。还需要注意的是，烟盲蝽释放前和释放后的10天内避免使用杀虫剂或杀菌剂。另外，当害虫发生较为严重时（植物开花、结果期），要注意释放时机，可尽量在害虫密度高的情况下释放，以防止或降低烟盲蝽在猎物密度低时转向取食植物的风险。如果条件允许，可以在辣椒温室中间种植少量油菜以作为烟盲蝽的中转植物。

图41　烟盲蝽成虫
（孙建立拍摄）

图42　烟盲蝽捕食粉虱成虫
（孙建立拍摄）

【释放斯氏钝绥螨】斯氏钝绥螨是一种多食性捕食螨，可以捕食叶螨、粉虱、蓟马等，也可取食花粉、蜜露等作为补充食物。该螨具有捕食效率高、适应环境能力强以及易于人工饲养等优点，目前已经实现商品化生产，并已在50多个国家应用，在欧洲主要用于防治烟粉虱。图43为斯氏钝绥螨捕食烟粉虱若虫。

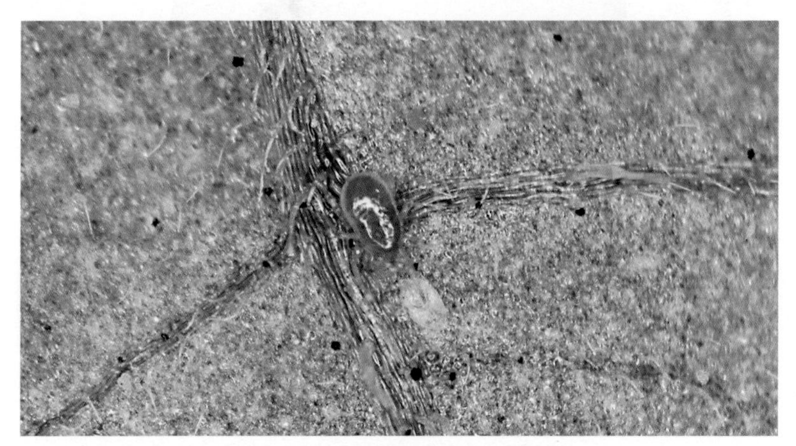

图43　斯氏钝绥螨捕食烟粉虱若虫
（李亚迎拍摄）

在温室辣椒烟粉虱发生之前，可按照20头/米^{2}的量进行预防式释放；烟粉虱发生后，可按照50 ～ 100头/米^{2}的量释放。根据粉虱发生数量，可适当增加释放量和释放次数。释放时，连同饲养基质一并撒施到辣椒叶片上。

【应用昆虫病原线虫】昆虫病原线虫是一类带有共生菌的以昆虫为寄主的致病性线虫，主要包括斯氏线虫科斯氏线虫属和异小杆线虫科异小杆线虫属两类，对栖境隐蔽的害虫和土栖性害虫有很好的控制效果。昆虫病原线虫作为昆虫的专化性寄生天敌，易于大量培养，使用方便，杀虫能力强，在环境中可循环利用，已被广泛应用于害虫的生物防治中，是国际上公认的绿色高效生物杀虫剂。图44为显微镜下的昆虫病原线虫。

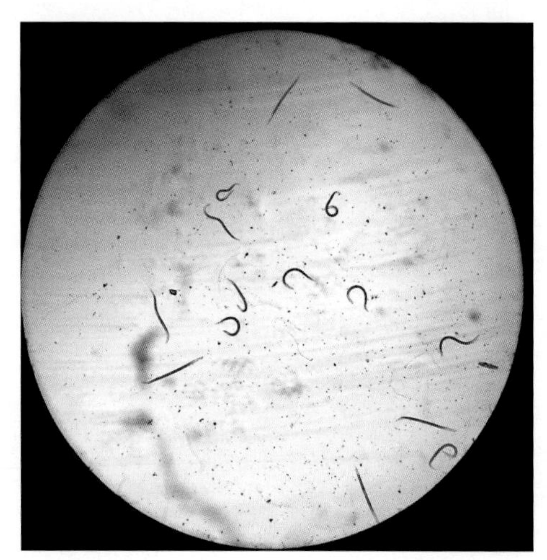

图44　显微镜下的昆虫病原线虫
（张田园提供）

昆虫病原线虫具有主动搜寻害虫的能力，可从害虫的肛门、气孔、伤口、节间膜等处进入害虫体内。田间使用时，线虫搜寻到寄主害虫并进入其体内后，释放出肠腔中携带的共生细菌，使害虫在24 ~ 48小时内患败血症死亡。昆虫病原线虫可在寄主体内繁殖2 ~ 3代，当寄主营养物质耗尽时，线虫从寄主体内爬出，再搜寻新的寄主进行反复侵染，从而达到持续控制害虫的作用。

商品化的昆虫病原线虫产品多采用海绵制剂或粉剂。海绵制剂多是瓶装形式，使用时，将海绵制剂浸泡在适量水中用力挤压，挤到海绵发白为止，制成母液；粉剂多是塑料盒包装形式，一般每克制剂含有30万~ 40万条病原线虫，每一盒可包装5 000万条线虫。使用时也是先溶解到水中制成母液。针对不同的靶标害虫和发生程度，按照使用说明的参考用量再稀释。防治地上害虫（粉虱、鳞翅目害虫等）时，稀释后直接喷施在叶片上或土壤表面；防治地下害虫或地下虫态（小地老虎、蛴螬、蓟马蛹等）时，稀释后随水浇灌进入土壤。需要注意的是，稀释前要充分搅拌均匀。对于粉虱来说，可按照100 ~ 250头/厘米^{2}的浓度，对发生粉虱危害的植物进行叶片喷雾，每7 ~ 10天喷施1次，可连续喷施2 ~ 3次。

【应用植物源农药】植物源农药中的印楝素和鱼藤酮对粉虱有较好的防治效果。在温室辣椒粉虱发生初期，根据对应的药剂使用说明配制后，对叶片正反面均匀喷雾，每隔5 ~ 6天喷施1次，连续喷施2 ~ 3次防效更好。粉虱发生密度较大时，可适当提高植物源农药的使用频次。

2.试验或应用案例

【释放寄生蜂】据塞尔维亚研究者2010年报道，在辣椒温室中发生温室白粉虱后，通过同时释放丽蚜小蜂和另一种寄生蜂浆角蚜小蜂（二者释放比例为1 ： 1），在释放后的14 ~ 52天内，两种寄生蜂对温室白粉虱若虫的寄生率为38% ~ 92%。

【应用昆虫病原线虫】据伊朗研究者2015年报道，在辣椒温室中，从感染温室白粉虱的辣椒叶片上挑选主要感染二龄若虫的叶片，然后用手持式喷壶，按照浓度梯度为25头/厘米^2、50头/厘米^2、100头/厘米^2、150头/厘米^2、200头/厘米^{2}和250头/厘米^{2}的量在叶片上分别喷施两种昆虫病原线虫（夜蛾斯氏线虫和嗜菌异小杆线虫），72小时后检查粉虱死亡率，并将死亡的粉虱放在显微镜下检查以确认是否被线虫感染致死。试验结果表明，两种昆虫病原线虫对温室白粉虱都有一定的侵染致死能力，其对粉虱的致死率随着使用浓度的增加而增加，在250头/厘米^{2}的使用浓度下，72小时后粉虱的校正死亡率分别约为33%和28%。

【释放斯氏钝绥螨】据荷兰研究者2012年报道，在自然发生烟粉虱的辣椒温室中，设置对照区[采取标准的有害生物综合治理（IPM）措施]和处理区（采取标准的IPM措施+释放斯氏钝绥螨）。根据烟粉虱的发生情况适时采取防治措施，其中，处理区按照每5株辣椒释放100头斯氏钝绥螨（约合50～75头/米^2）的量，连同饲养基质一并撒施到辣椒叶片上，在试验期间的38周内，处理组的烟粉虱一直被控制在接近于零发生水平，对照组的烟粉虱成虫和若虫种群从试验第5周开始快速增长，到第38周，平均每片叶达到65头烟粉虱若虫。相对于对照区，释放斯氏钝绥螨对烟粉虱的控制率达到99%。

【应用植物源农药】据国内研究者2014年报道，在面积为240米^{2}的辣椒温室中，当温室白粉虱发生后，试验设置3个不同浓度的0.6%印楝素乳油处理，分别为7毫升/升、10毫升/升和20毫升/升，用水量均为60千克/亩；1个化学药剂处理，即20%吡虫啉可湿性粉剂，使用量为8克/亩；1个空白对照。施药7天后，上述处理对温室白粉虱的防治效果分别为68%、83%、85%和74%。试验结果表明，20毫升/升的0.6%印楝素乳油防治温室白粉虱效果最好。

另据国内研究者2017年报道，在面积为384米^{2}的辣椒大棚中，当烟粉虱发生后，试验设置植物源农药0.3%印楝素乳油2 000倍液、2.5%鱼藤酮乳油1 000倍液，化学农药70%吡虫啉可湿性粉剂1 500倍液及清水对照处理。试验结果表明，所有处理的前3天效果不明显，施药后第7天，印楝素和鱼藤酮对烟粉虱的防治效果分别为96%和98%，均高于吡虫啉92%的防治效果。施药7天后分别摘取全部可采收的辣椒进行农药残留检测，3种药剂的检测结果均为合格。

五、防治蚜虫

1.主要生物防治方法

【释放烟蚜茧蜂】设施辣椒上常见的一种寄生性天敌为蚜茧蜂，目前国内研究和应用较多的为烟蚜茧蜂，它通过在蚜虫体内寄生的方式来杀死蚜虫。烟蚜茧蜂在蚜虫体内完成幼虫阶段的生长发育过程，化蛹后蚜虫死亡，外壳变硬，形成僵蚜，其蛹在僵蚜体内发育成熟后破壳而出，再形成新的烟蚜茧蜂成虫。被烟蚜茧蜂寄生后形成的金黄色的虫体即为僵蚜，烟蚜茧蜂在有机种植的辣椒上很常见，一些农户不认识，在施药过程中误将这些“功臣”连同蚜虫一并杀死。实际上，如果能保护并合理利用这些自然发生的烟蚜茧蜂，可有效控制辣椒上的蚜虫危害。在农业生产中，自然发生的蚜茧蜂寄生蚜虫形成僵蚜，相对于蚜虫的发生具有滞后性，即当发现僵蚜时，蚜虫密度实际上已经很高了，蚜茧蜂的繁殖和寄生能力已经压制不住蚜虫种群的增长。因此，在蚜虫刚发生的时候释放蚜茧蜂是控制蚜虫危害的关键。图45为烟蚜茧蜂成虫。

图45 烟蚜茧蜂成虫
[李玉艳（左）和潘明真（右）拍摄]

寄生蜂应用中最关键的两点是释放时间和释放量。当调查发现植株上有10头左右蚜虫时，可按照每亩400头蚜茧蜂的量进行第一次释放，一周后再按照相同的量释放第二次。产品若是僵蚜卡的形式，可将卡挂在辣椒的叶柄上；若是成虫袋装形式，可将袋子的上端一角剪一个开口，并将袋子挂到植株叶柄上。蚜虫喜欢在辣椒上部的嫩叶上聚集危害，且呈现点面发生特点，因此，初期释放蚜茧蜂时，应重点放于蚜虫聚集发生区。

【构建载体植物系统】在生产实践中，当蚜虫发生后，会在短时间内迅速繁殖，利用寄生蜂成功控制蚜虫危害的关键在于寄生蜂的释放技术，包括释放量、释放时间，以及寄生蜂能否成功建立种群。我们知道，蚜虫发生早期释放寄生蜂更有效，但可能出现的问题是，在蚜虫密度较低的情况下，寄生蜂成虫难以成功找到寄主并建立稳定种群，从而影响其防治效果。载体植物系统作为一种开放式饲养系统，是有目的的加入或建立一个作物系统来控制温室害虫种群增长的害虫生物防治思路。例如，烟蚜茧蜂既是辣椒上靶标害虫桃蚜的寄生性天敌，也是麦长管蚜（小麦上的优势害虫，是一种专化型植食性害虫）的寄生性天敌，因此，麦长管蚜可作为烟蚜茧蜂的替代寄主，从而人为建立载体植物系统（图46）。相比之下，释放载体植物系统比直接释放寄生蜂成虫对温室辣椒蚜虫的防治效果更好，这是因为载体植物系统是一个蚜茧蜂自我繁育系统，可以利用其替代寄主维持种群，当温室靶标害虫增加时，寄生蜂可以很快扩散，及时抑制害虫的种群数量。图47和图48证明了利用载体植物系统防治蚜虫的实际效果：辣椒叶片和果实上的蚜虫被寄生率均达到80%以上。

利用载体植物系统防治蚜虫的具体方法是：提前播种盆栽小麦，5 ~ 6天后接入一定密度的麦长管蚜（200 ~ 600头），将盆栽小麦直接放到辣椒温室中间，然后在载体植物上释放烟蚜茧蜂僵蚜500 ~ 800头；也可以将接有麦长管蚜和僵蚜的盆栽小麦笼罩起来，当温室辣椒中发生蚜虫时，将盆栽小麦放入温室中间，并揭开笼罩，羽化后的烟蚜茧蜂成虫将扩散至温室中寻找并寄生蚜虫。

图46　构建载体植物系统防治辣椒桃蚜
（潘明真拍摄）

注：温室中间空白地上放置的盆栽作物即为小麦—麦长管蚜—烟蚜茧蜂载体植物系统，两边为发生桃蚜危害的辣椒。

图47　载体植物系统防治辣椒桃蚜的效果
（潘明真拍摄）

注：叶片上桃蚜被烟蚜茧蜂寄生后形成的僵蚜率达到80%以上。

图48　载体植物系统防治辣椒桃蚜的效果
（潘明真拍摄）
注：辣椒果实上桃蚜被烟蚜茧蜂寄生后形成的僵蚜率达到80%以上。

【释放瓢虫】瓢虫是人们常见和熟悉的昆虫。瓢虫种类很多，以其食性划分，可分为捕食性、植食性和菌食性三大类。其中，常见的捕食性瓢虫主要是异色瓢虫、龟纹瓢虫和七星瓢虫，它们是蚜虫、粉虱的重要天敌。农业生产中，最常见到的是瓢虫成虫（图49），其卵（图50）和幼虫（图51）不易识别。商品化的瓢虫产品多以卵卡形式存在，卵孵化后的幼虫即可在植物上搜索并捕食害虫。释放卵或低龄幼虫有助于瓢虫在目标作物上建立种群。

图49　异色瓢虫成虫捕食蚜虫
（王建赟拍摄）

图50 异色瓢虫的卵
(王建赟拍摄)

图51 异色瓢虫幼虫捕食辣椒上的蚜虫
(王恩东拍摄)

在刚发现蚜虫时，将瓢虫卵卡悬挂于辣椒叶脉上。根据辣椒上蚜虫的发生密度，确定悬挂卵卡的量，一般在蚜虫发生初期，可按照30 ~ 50卵卡/亩释放，其中每卡卵量不低于50粒。当蚜虫密度增加时，可适当增加卵卡数。由于孵化后的一龄幼虫活动能力较弱，建议初期将卵卡悬挂在蚜虫刚发生的植株上，便于瓢虫幼虫搜索和捕食。

【释放烟盲蝽】蚜虫发生初期，按照1～2头/株的密度释放烟盲蝽，每周释放1次，连续释放3～5周，根据蚜虫发生量，适当增加释放量和释放次数。释放方法和注意事项与防治粉虱相同。

【利用捕食蝇】捕食蝇是农业生产中的重要天敌。相对于其他天敌昆虫，捕食蝇受关注度比较低，对其研究和应用也相对较少。我们比较熟悉的是食蚜蝇和食蚜瘿蚊，前者是双翅目食蚜蝇科昆虫的通称，又叫食蚜虻或花蝇，以幼虫捕食蚜虫而著称。食蚜蝇幼虫食量大，平均一头幼虫每天可捕食120头棉蚜，一生可捕食1 400头左右的棉蚜。食蚜蝇也可以捕食粉虱、叶蝉、蓟马及鳞翅目的幼虫。后者属于双翅目瘿蚊科，可捕食多种蚜虫，其以幼虫刺吸蚜虫腿部使其麻痹，然后吸干蚜虫体液，最后在叶片表面留下被吸食过的变黑的蚜虫躯壳，1头三龄食蚜瘿蚊幼虫对桃蚜的最大日捕食量为10头。图52和图53分别为食蚜瘿蚊产卵和化蛹，图54为食蚜瘿蚊幼虫捕食蚜虫。

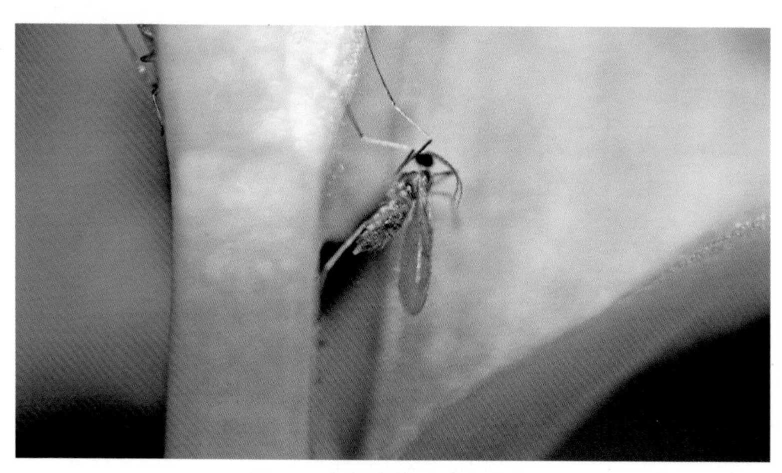

图52　食蚜瘿蚊雌成虫产卵
（杨茂发提供）

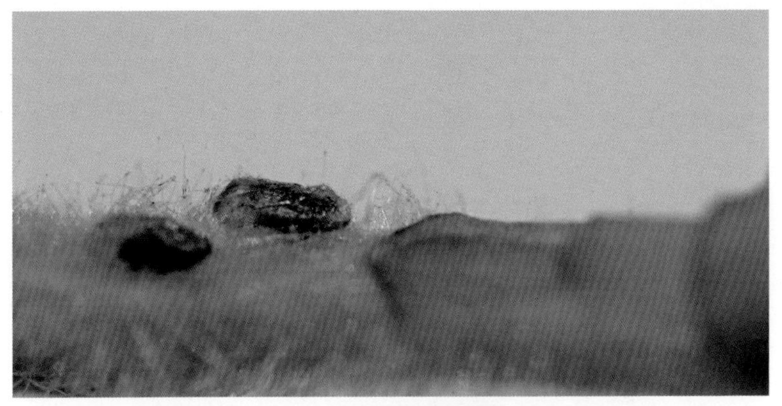

图53　食蚜瘿蚊化蛹
（杨茂发提供）

图54　食蚜瘿蚊幼虫捕食蚜虫
（杨茂发提供）

还有一种容易被忽视但非常优秀的重要捕食蝇叫瘦弱秽蝇，它属于双翅目蝇科，其幼虫和成虫均具有捕食性，幼虫生活于地下，以蕈蚊和水蝇的幼虫为食，成虫生活于地上，以飞行中的昆虫为食，如蕈蚊、粉虱、斑潜蝇、果蝇、叶蝉等昆虫的成虫及有翅蚜。据报道，在不同的猎物密度梯度下，一头瘦弱秽蝇雌成虫每天可以捕食2.9 ～ 12头蕈蚊成虫或4 ～ 23.8头粉虱成虫或4.5 ～ 17.25头斑潜蝇成虫。图55为瘦弱秽蝇成虫。

图55　瘦弱秽蝇雌成虫（左）和雄成虫（右）
（Néstor Bautista-Martínez提供）

由于捕食蝇形似蜂，常被误认为是蜂，农户可从以下几点区分：①食蚜蝇属于双翅目，即身体上只有一对翅膀，蜂类属膜翅目，身体上有两对翅膀；②食蚜蝇触角较短，蜂类触角较长；③食蚜蝇后足纤细，常见的蜜蜂等蜂类有比较宽阔的后足，用来收集花粉。在农业生产中，尽管我们很少关注这些捕食蝇或者不认识它们，但实际上，捕食蝇可能已经存在于温室并不知不觉地控制着温室或田间的各种害虫。图56为黑带食蚜蝇各虫态。

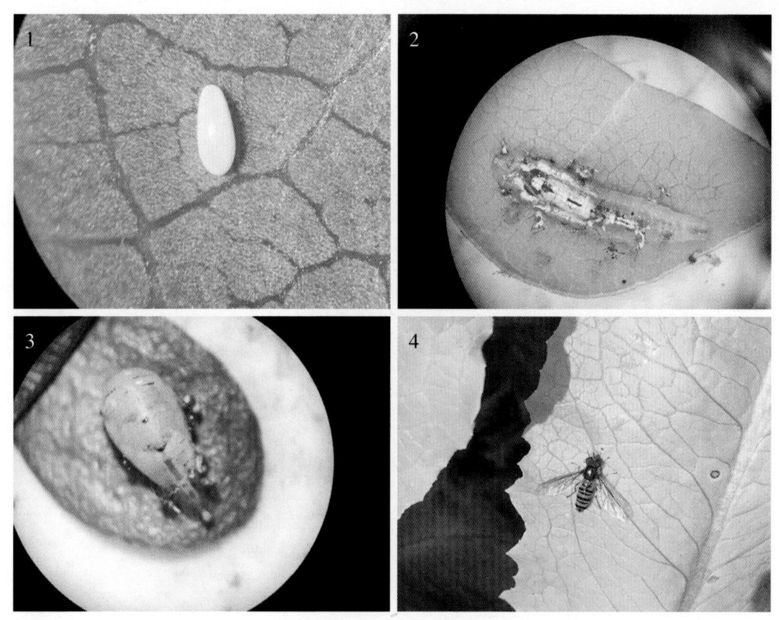

图56 黑带食蚜蝇
1.卵 2.幼虫 3.蛹 4.成虫
（谭琳提供）

商品化的捕食蝇种类很少，多数种类的食蚜蝇尚处于田间种群调查和室内生物学研究阶段。目前黑带食蚜蝇和食蚜瘿蚊已实现商品化生产，并以未成熟期的幼虫或蛹作为产品包装虫态。各个时期的虫态均可以释放，但释放幼虫更有利于其在作物上定殖。蚜虫发生初期，可按照每100米^{2}4头（载体植物系统形式）的量释放黑带食蚜蝇成虫。

食蚜瘿蚊的释放方法通常有两种，一种是将混合在蛭石中的食蚜瘿蚊蛹撒施于温室作物上（适用于蚜虫已发生的情况）；另一种为利用载体植物系统，可将带有麦蚜和食蚜瘿蚊幼虫的盆栽小麦苗放置在温室中（适用于蚜虫尚未发生的情况）。当蚜虫发生后，按照每亩每次200 ～ 300头的量释放食蚜瘿蚊蛹，每

7 ~ 10天释放1次，可连续释放3 ~ 4次；如果掌握蚜虫发生基数，可按照1 ： 20的益害比释放食蚜瘿蚊成虫。当温室中其他害虫，如粉虱、蓟马、叶螨等也同时发生时，可与丽蚜小蜂、捕食螨等天敌同时释放。注意释放后尽量不要使用杀虫剂。

【释放草蛉】草蛉是重要的捕食性天敌，其成虫和幼虫可捕食粉虱、蚜虫、叶螨、蓟马等多种小型害虫及多种鳞翅目害虫的卵和低龄幼虫，具有捕食量大、适应性强、成虫寿命长且产卵量大等特点。目前研究和应用较多的为中华草蛉、大草蛉、丽草蛉和普通草蛉。平均1头大草蛉1天可捕食上百头蚜虫，整个幼虫期可捕食800头以上的蚜虫。在农业生产中，草蛉的卵和成虫容易识别，但幼虫刚毛较长，容易被误认为是鳞翅目害虫。图57为大草蛉幼虫和成虫。

图57　大草蛉幼虫（左）和成虫（右）（张红艳提供）

草蛉幼虫期有3龄，每个龄期都可以捕食猎物。实践证明，释放一龄大草蛉幼虫对蚜虫的控制效果最好，且释放低龄草蛉更有利于其在作物上建立种群。以蚜虫为例，当作物上发生蚜虫危害时，可按照1 ~ 2头/米^{2}的量释放草蛉幼虫。释放时，建议将低龄的草蛉幼虫接种到蚜虫集中发生区域。根据蚜虫发生动态，适当增加草蛉的释放量和释放次数。由于蚜虫繁殖很快，且体型较小，需要及时调查设施辣椒上的蚜虫发生情况，尤其是需要在蚜虫发生初期释放草蛉。

【应用植物源农药】植物源农药中苦参碱常用于防治蚜虫。辣椒温室中蚜虫发生后，根据相应的使用说明配制药剂，对叶片正反面均匀喷雾，每隔7天喷施1次，连续喷施3 ~ 4次。

2.试验或应用案例

【构建载体植物系统】据国内研究者2015年报道，通过在盆栽的小麦中提前接入麦长管蚜和蚜茧蜂僵蚜，构建成小麦—麦长管蚜—烟蚜茧蜂载体植物系统。在辣椒蚜虫发生时，将带有麦长管蚜僵蚜的盆栽小麦放入温室中间。试验结果表明，当温室辣椒桃蚜的初始发生密度为6头/株时应用载体植物系统，蚜虫种群一直被控制在非常低的水平。

据日本研究者2011年报道，通过构建高粱—高粱蚜—食蚜瘿蚊的载体植物系统，并应用于甜椒温室中，即在载体植物系统中释放4次食蚜瘿蚊，桃蚜种群在3个月内都被控制在非常低的水平。

【人工助迁蚜茧蜂】据一位从事有机种植的农户介绍，他通过人为保存僵蚜的方式成功防治了辣椒蚜虫。通过在温室中单独隔离一块面积较小的相对封闭的空间，常年种植十字花科和茄科蔬菜，让蚜虫自然繁殖，将田间发现的僵蚜连同植物叶片接种到蔬菜叶片上，实现蚜茧蜂的自然繁殖。通过人为调节蚜虫和蚜茧蜂的比例，在应用蚜茧蜂之前，一直让其种群维持在低密度水平。当棚室辣椒中发现蚜虫时，将人工保种的僵蚜连同植物叶片一起摘除，接入到蚜虫发生区域的辣椒叶片上。实践证明，该农户用非常低的人力和经济成本实现了对蚜虫的完全控制。具体操作顺序如图58。

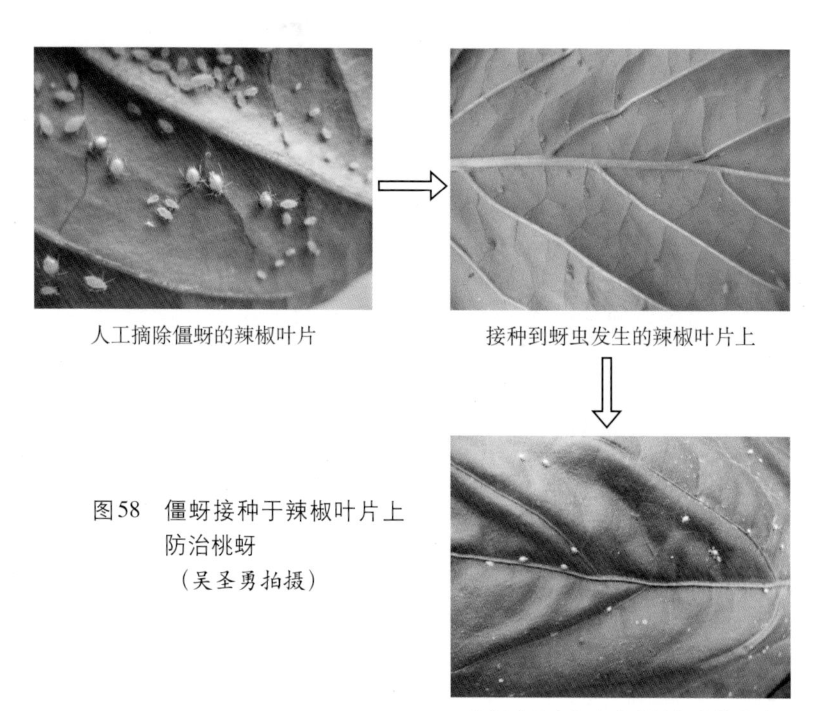

人工摘除僵蚜的辣椒叶片

接种到蚜虫发生的辣椒叶片上

辣椒叶片上蚜虫全部被蚜茧蜂寄生

图58　僵蚜接种于辣椒叶片上防治桃蚜
（吴圣勇拍摄）

【释放草蛉】据芬兰研究者1977年报道，在面积为90米^{2}的辣椒温室中，当蚜虫（桃蚜）刚发生危害时，按照益害比（草蛉：蚜虫）为1 ：3的量释放普通草蛉的卵（卵卡形式）。释放时，以每平方米2张卵卡（100 ～ 150粒/卡）的量，分散放在试验区中，第二周可见明显防效，且效果可持续4 ～ 6周。

【释放瓢虫】据国内研究者2018年报道，温室辣椒中桃蚜发生初期，按照0.31卡/米^{2}的量释放异色瓢虫卵（20粒/卡），释放2次，每次间隔15天，第21天后对蚜虫的防效为94%。瓢虫释放期间，辣椒上粉虱种群也一直处于较低水平，且均低于4头/株。由此可见，释放异色瓢虫对辣椒上的烟粉虱具有一定的兼治作用。

【释放烟盲蝽】据西班牙研究者2015年报道，在玻璃温室中，用长、宽、高均为60厘米的塑料薄膜将一些辣椒苗笼罩起来，共用16个笼罩，在每个笼子中选择受桃蚜危害最为严重的16株辣椒植株（高度为25厘米），即平均每片叶上大约有70头蚜虫。在每个笼罩中释放1对烟盲蝽，在随后的6周内，每周在每个笼子里随机摘取4片叶进行调查（由于烟盲蝽可以取食花粉，为了排除烟盲蝽可能取食花粉对试验结果的影响，试验期间人为摘除全部花芽）。结果表明，烟盲蝽在释放后的4周内逐渐建立种群，但随着蚜虫种群的降低，烟盲蝽种群也出现下降趋势，到第8周后，笼罩中释放烟盲蝽的辣椒中，蚜虫种群降低到非常低的水平，与对照组相比，防效接近100%。

【释放黑带食蚜蝇】目前食蚜蝇防治温室辣椒蚜虫的报道很少，据西班牙研究者2008年报道，在面积为500米^{2}的温室辣椒上人为接种蚜虫后，释放20头黑带食蚜蝇成虫（其中雄虫8头，雌虫12头）的载体植物系统，可有助于食蚜蝇的种群自然增长，并对辣椒蚜虫具有持续的控制效果。其中，载体植物系统可选用大麦—禾谷缢管蚜—黑带食蚜蝇。

另据西班牙研究者2012年简短报道，通过在辣椒温室中释放黑带食蚜蝇幼虫，对3种蚜虫（桃蚜、豆蚜、大戟长管蚜）均有一定的控制效果，且提高了果实品质。

【应用植物源农药】据国内研究者2018年报道，在辣椒大棚中，当蚜虫发生后，试验设置5个处理，分别为每100米^2 0.3%

苦参碱水剂1 350毫升、49%软皂水剂（一种生物源农药）4 500毫升、复方植物精油4 500毫升、10%吡虫啉可湿性粉剂225克、清水对照。施药14天后，苦参碱、软皂水剂、复方植物精油、吡虫啉对辣椒蚜虫防效分别为65%、72%、66%和79%。研究者建议，在实际生产中，可在蚜虫发生初期选用苦参碱或软皂水剂进行防治，对蚜虫种群具有明显的抑制作用。

另有国内研究者2012年报道，0.3%苦参碱水剂2 000倍液对温室辣椒中蚜虫有很好的防治效果，施药5天后的防效达到100%，且相对于吡虫啉，苦参碱能有效保护天敌。

六、防治夜蛾类害虫

1.主要生物防治方法

【应用核型多角体病毒】核型多角体病毒是一类专性的昆虫病毒，主要寄生鳞翅目昆虫。病毒可经口器或伤口感染昆虫，毒素蛋白在昆虫体内大量表达而发挥杀虫作用。感染病毒后的害虫还可以继续感染其他害虫，让病毒病在害虫种群中流行，从而起到持续控制害虫的作用。核型多角体病毒目前已广泛应用于以鳞翅目害虫为主的生物防治中，具有特异性强、安全、环保等特点。用来防治辣椒上夜蛾类害虫的病毒有甜菜夜蛾核型多角体病毒、斜纹夜蛾核型多角体病毒和棉铃虫核型多角体病毒。实践证明，这3种病毒分别对甜菜夜蛾、斜纹夜蛾和棉铃虫都有很高的致死作用，且持效期较长。图59和图60分别为感染甜菜夜蛾核型多角体病毒和斜纹夜蛾核型多角体病毒的甜菜夜蛾和斜纹夜蛾。

核型多角体病毒有水分散粒剂和悬乳剂，按照产品使用说明的使用量兑水稀释，在夜蛾产卵高峰期，采取喷雾处理方式。建议在傍晚喷药，不能在高温和雨天施药。

图59 感染甜菜夜蛾核型多角体病毒的甜菜夜蛾
（张田园拍摄）

图60 感染斜纹夜蛾核型多角体病毒的斜纹夜蛾
（张田园拍摄）

【应用苏云金杆菌】苏云金杆菌又称苏云金芽孢杆菌，拉丁学名为*Bacillus thuringiensis*，因此简称Bt，属于昆虫病原细菌。Bt是应用比较广泛的微生物杀虫剂，其杀虫机理是Bt菌株产生内毒素（伴胞晶体）和外毒素两类毒素，害虫取食后，引起肠道麻痹、穿孔，虫体瘫痪，停止进食，最终因饥饿和（或）败血而死亡。Bt主要对部分鳞翅目害虫幼虫有较好的防治效果。需要说明的是，Bt的蛋白毒素在人和畜禽的胃肠中不起作用，只特异性地感染一定种类的昆虫，因此对天敌、鱼类、蜜蜂、人畜和环境安全。

Bt制剂有可湿剂粉剂、液剂。以可湿性粉剂为例，按照产品中的芽孢含量和使用说明兑水配制后喷雾，也可以直接撒施，连续使用能够有效控制害虫虫口密度。需要注意的是，施用Bt可湿性粉剂时，应在晴天进行，且温度在20℃以上。不宜在阴雨天或温度较高的中午施用。

2.试验或应用案例

【应用核型多角体病毒】据印度研究者2016年报道，在塑料大棚种植的甜椒中，按照每15株释放20头幼虫的量人为接种斜纹夜蛾幼虫，4天后喷施斜纹夜蛾核型多角体病毒，7天后，斜纹夜蛾种群相比对照组降低73%。

另据西班牙研究者2007年报道，在温室甜椒中，每株接种20头二龄期的甜菜夜蛾幼虫后，喷施甜菜夜蛾核型多角体病毒，分别于2天、5天和8天后，在每个试验小区（10株/小区）中随机采集甜菜夜蛾幼虫，带入实验室饲养并观察，其死亡率分别为60%、90%和90%。

【应用苏云金杆菌】据西班牙研究者2009年报道，在温室辣椒中应用Bt（菌株为aizawai）防治甜菜夜蛾，每周应用1次，直到将甜菜夜蛾完全控制。研究者认为，应用Bt防治甜菜夜蛾具有一定的效果，但相对于化学农药，高频率的应用Bt增加了种植户的成本。

七、防治地下害虫

主要生物防治方法

【应用昆虫病原线虫】选择对相应地下害虫具有高致病性的昆虫病原线虫种类和品系（结合产品使用说明），将昆虫病原线虫稀释后，按照浓度为100 ～ 300头/厘米²的量，与灌溉水混合均匀，然后随灌溉水冲施到土壤中。每10 ～ 15天施用1次，连续施用2 ～ 3次。需要注意的是，土壤生态环境对病原线虫作用的发挥影响很大，其中，沙壤土更有利于线虫的运动、定殖和寻找寄主，而黏重的土壤则不利于线虫作用的发挥。因此，应用病原线虫制剂后，应保持土壤处于较湿润的状态，且线虫的施用剂量建议提前通过小区试验来确定或参考商品制剂的推荐用量。图61为感染昆虫病原线虫的蛴螬。

图61　感染昆虫病原线虫的蛴螬（上面2头为正常蛴螬，下面1头为感染线虫的蛴螬）
（Whitney Cranshaw提供）

【应用苏云金杆菌】 苏云金杆菌（Bt）主要通过代谢具有杀虫活性的伴孢晶体蛋白发挥作用，其见光易分解，从而影响效果，但地下害虫主要在阴暗的土壤中活动，这为Bt提供了良好的外部环境，因此Bt对防治地下害虫具有潜在的优势。具体方法为：在低龄幼虫盛发期，将Bt乳剂配制成毒土施用。按照200 ～ 400克/亩的量配制毒土，毒土用量为40 ～ 60千克，在辣椒根旁开浅沟后均匀撒施毒土，然后覆土；也可以结合锄地翻耕将毒土施入或直接灌根施用。

【应用昆虫病原真菌】农业生产上应用较多的防治地下害虫的病原真菌是金龟子绿僵菌和布氏白僵菌。使用时，可将菌剂拌湿土后，在辣椒幼苗移栽时施入土中，也可在地下害虫发生后，通过灌溉水方式将菌剂施入土中。根据昆虫病原真菌的有效含孢量和使用方法确定使用量和使用次数。需要注意的是，由于病原真菌在湿度较高的环境下，其孢子萌发和菌丝生长较好，因此在保护地中施用后应保持土壤湿润。

【应用植物源农药】植物源农药可用于防治地下害虫，其中应用较多的是苦参碱。使用时，选择粉剂，按照使用说明推荐的用量，兑水灌根处理，施用1次的持效期为30天左右，可施用1～2次。

第三章 在辣椒上登记的生物农药

1.球孢白僵菌

登记证号：PD20183086
有效成分：球孢白僵菌
有效成分含量：150亿孢子/克
防治对象：蓟马
剂型：可湿性粉剂
用药量：160 ～ 200克/亩
施用方法：喷雾
登记证有效期至：2023年7月23日

使用方法：称取160 ～ 200克，按照40升/亩的量兑水后混匀，然后常规叶片喷雾。喷雾时一定要对植株的上下、内外均匀喷洒。建议在温度15 ～ 30℃、相对湿度80%～ 100%下的傍晚喷施，可在雨后或阴天施用。注意菌液应现配现用，不要与杀菌剂混用，可与低剂量的化学农药混用，杀虫效果更好。

贮存条件：在通风、干燥处贮存。4℃条件下贮存6个月（孢子萌发率90%）；常温条件下贮存6个月（孢子萌发率80%）。

2.苏云金杆菌（Bt）

（1）登记证号：PD86109-27

有效成分：苏云金杆菌

有效成分含量：16 000国际单位/毫克

防治对象：烟青虫

剂型：可湿性粉剂

用药量：70 ～ 75克/亩

施用方法：喷雾

登记证有效期至：2023年3月28日

使用方法：在一至二龄幼虫发生高峰期使用。使用前需二次稀释（先将粉剂用少量的水混合均匀后倒入药桶中，然后加入剩余的水），搅拌均匀后喷雾。实际应用中，可根据害虫发生密度和虫龄的情况，在登记的用药量范围内酌情增减用药量。注意要随配随用，不要与杀菌剂、碱性农药混合使用。建议在上午8时前或下午6时后施药，施药温度应该在18 ～ 30℃之间。

贮存条件：在避光、阴凉、干燥、通风处贮存。

（2）登记证号：PD86109-23

有效成分：苏云金杆菌

有效成分含量：16 000国际单位/毫克

防治对象：烟青虫

剂型：可湿性粉剂

用药量：100 ～ 150克/亩

施用方法：喷雾

登记证有效期至：2021年11月22日

使用方法：同上。

贮存条件：同上。

(3) **登记证号**：PD20150084
有效成分：苏云金杆菌
有效成分含量：16 000国际单位/毫克
防治对象：烟青虫
剂型：可湿性粉剂
用药量：100 ~ 150克/亩
施用方法：喷雾
登记证有效期至：2025年1月5日
使用方法：同上。
贮存条件：同上。
(4) **登记证号**：PD20100165
有效成分：苏云金杆菌
有效成分含量：32 000国际单位/毫克
防治对象：烟青虫
剂型：可湿性粉剂
用药量：50 ~ 75克/亩
施用方法：喷雾
登记证有效期至：2025年1月5日
使用方法：同上。
贮存条件：同上。
(5) **登记证号**：PD20084969
有效成分：苏云金杆菌
有效成分含量：32 000国际单位/毫克
防治对象：烟青虫
剂型：可湿性粉剂
用药量：75 ~ 100克/亩
施用方法：喷雾
登记证有效期至：2023年12月22日

使用方法：同上。

贮存时间：同上。

3.苦参碱

登记证号：PD20132710

有效成分：苦参碱

有效成分含量：1.5%

防治对象：蚜虫

剂型：可溶液剂

用药量：30 ～ 40毫升/亩

施用方法：喷雾

登记证有效期至：2023年12月30日

使用方法：害虫发生初期，按照用药量标准，兑水喷雾。注意不能与碱性农药混用。

贮存条件：在阴凉、通风、干燥处贮存，远离火源、热源；不得与粮食、饲料、种子混放。

4.藜芦碱

登记证号：PD20131807

有效成分：藜芦碱

有效成分含量：0.5%

防治对象：红蜘蛛

剂型：可溶液剂

用药量：120 ～ 140克/亩

施用方法：喷雾

登记证有效期至：2023年9月16日

使用方法：在害虫发生初期，按照用药量标准，兑水喷雾。注意要随配随用，可与有机磷、菊酯类农药混用。

贮存条件：在低温、避光、干燥、通风条件下贮存。

5.苦皮藤素

登记证号：PD20183253
有效成分：苦皮藤素
有效成分含量：1%
防治对象：甜菜夜蛾
剂型：水乳剂
用药量：90 ～ 120毫升/亩
施用方法：喷雾
登记证有效期至：2023年7月23日

使用方法：在害虫产卵高峰期，按照每亩用剂量100毫升兑水50 ～ 60千克，叶面或全株喷雾。建议在温度较低时施药；避免与碱性农药混用。

贮存条件：在避光、密封、阴凉干燥处保存。

6.甜菜夜蛾核型多角体病毒

（1）登记证号：PD20130186
有效成分：甜菜夜蛾核型多角体病毒
有效成分含量：300亿PIB/克
防治对象：甜菜夜蛾
剂型：水分散粒剂
用药量：2 ～ 5克/亩
施用方法：喷雾
登记证有效期至：2023年1月24日

使用方法：在害虫产卵高峰期，按照每3克药剂兑水15千克（稀释5 000倍）的量，对叶片喷雾。注意不能与碱性农药、杀菌剂混用。

贮存条件：在干燥、阴凉、通风处贮存，注意远离火源或热源。

(2) 登记证号：PD20130162

有效成分：甜菜夜蛾核型多角体病毒

有效成分含量：30亿PIB/毫升

防治对象：甜菜夜蛾

剂型：悬浮剂

用药量：20 ～ 30毫升/亩

施用方法：喷雾

登记证有效期至：2023年1月24日

使用方法：在害虫产卵高峰期，按照每20毫升药剂兑水15千克（稀释750倍），对叶片喷雾。建议在傍晚喷药。注意不能与碱性农药、杀菌剂混用。

贮存条件：在干燥、阴凉、通风处贮存。

7.棉铃虫核型多角体病毒

登记证号：PD20120501

有效成分：棉铃虫核型多角体病毒

有效成分含量：600亿PIB/克

防治对象：烟青虫

剂型：水分散粒剂

用药量：2 ～ 4克/亩

施用方法：喷雾

登记证有效期至：2022年3月19日

使用方法：在害虫产卵高峰期，按照每3克药剂兑水15千克（稀释5 000倍），对叶片喷雾。建议在傍晚喷药，不能在高温和雨天施药。注意不能与碱性农药、杀菌剂混用。

贮存条件：在通风、干燥和避光处贮存。

附　表

附表1　用于防治蔬菜害虫的生物防治产品及部分企业名录

生防产品	防治对象	企业名称
东亚小花蝽	蓟马、蚜虫、害螨、粉虱	北京阔野田园生物技术有限公司 北京镗郎生物技术有限公司
丽蚜小蜂	粉虱	嘉禾源硕生态科技有限公司 北京阔野田园生物技术有限公司 衡水沃蜂生物科技有限公司
烟蚜茧蜂	蚜虫	北京镗郎生物技术有限公司
异色瓢虫	蚜虫	河南省济源白云实业有限公司 北京阔野田园生物技术有限公司 北京镗郎生物技术有限公司
草蛉	蚜虫	北京镗郎生物技术有限公司
食蚜瘿蚊	蚜虫	衡水沃蜂生物科技有限公司
烟盲蝽	粉虱、蓟马、蚜虫、害螨	北京阔野田园生物技术有限公司 河南省济源白云实业有限公司
捕食螨	叶螨、蓟马、粉虱	北京阔野田园生物技术有限公司 首伯农（北京）生物技术有限公司 福建省艳璇生物防治技术有限公司
昆虫病原线虫	地下害虫	河南省济源白云实业有限公司 浙江绿盾生物科技有限公司

（续）

生防产品	防治对象	企业名称
球孢白僵菌	小菜蛾	安徽黑包公有害生物防控有限公司 江苏绿叶农化有限公司 山东惠民中联生物科技有限公司
	蓟马	河北中保绿农作物科技有限公司
	小菜蛾、烟粉虱、蛴螬	江西天人生态股份有限公司
金龟子绿僵菌	地老虎、蚜虫、甜菜夜蛾	重庆聚立信生物工程有限公司
	蓟马	海南江河农药化工厂有限公司
苏云金杆菌	菜青虫、小菜蛾	安徽众邦生物工程有限公司 德强生物股份有限公司 福建浦城绿安生物农药有限公司 海利尔药业集团股份有限公司 河南科银农业技术有限公司 黑龙江省卫星生物科技有限公司 江苏省扬州绿源生物化工有限公司 江西正邦作物保护有限公司 康欣生物科技有限公司 青岛海纳生物科技有限公司 山东东泰农化有限公司 山东省乳山韩威生物科技有限公司 山西运城绿康实业有限公司 武汉楚强生物科技有限公司
	烟青虫	广东省佛山市大兴生物化工有限公司 山东科大创业生物有限公司 山西安顺生物科技有限公司 浙江省桐庐汇丰生物科技有限公司

（续）

生防产品	防治对象	企业名称
除虫菊素	蚜虫	云南南宝生物科技有限责任公司 云南创森实业有限公司
	菜青虫	内蒙古清源保生物科技有限公司
苦参碱	蚜虫	安徽瑞然生物药肥科技有限公司 北京三浦百草绿色植物制剂有限公司 北京亚戈农生物药业有限公司 成都新朝阳作物科学有限公司 江苏省南通神雨绿色药业有限公司 河北省农药化工有限公司 云南南宝生物科技有限责任公司
	菜青虫	北京富力特农业科技有限责任公司 沧州蓝润生物制药有限公司 赤峰中农大生化科技有限责任公司 广东新景象生物工程有限公司 河北中天邦正生物科技股份公司 河北省沧州正兴生物农药有限公司 河北沃德丰药业有限公司 河北伊诺生化有限公司 河南科辉实业有限公司 丽水市绿谷生物药业有限公司 内蒙古帅旗生物科技股份有限公司 内蒙古清源保生物科技有限公司 宁夏泰益欣生物科技有限公司 天津市恒源伟业生物科技发展有限公司 山西绿海农药科技有限公司 陕西省西安嘉科农化有限公司 杨凌馥稷生物科技有限公司

（续）

生防产品	防治对象	企业名称
苦参碱	小菜蛾	广东真格生物科技有限公司 青岛海纳生物科技有限公司 广西兄弟农药厂 河北中保绿农作物科技有限公司 陕西恒田生物农业有限公司
	甜菜夜蛾	山东汤普乐作物科学有限公司
鱼藤酮	蚜虫	北京三浦百草绿色植物制剂有限公司 广东园田生物工程有限公司 广农制药（广州）有限公司 广东省广州市益农生化有限公司 广西施乐农化科技开发有限责任公司 河北三农农用化工有限公司 河北昊阳化工有限公司 河北天顺生物工程有限公司 山东金收利生物科技有限公司
	小菜蛾、跳甲	德强生物股份有限公司
	烟青虫、小菜蛾、蚜虫	江苏省南通神雨绿色药业有限公司
藜芦碱	红蜘蛛	成都新朝阳作物科学有限公司
	菜青虫	河北省邯郸市建华植物农药厂 杨凌馥稷生物科技有限公司
	菜青虫、粉虱、蓟马	陕西康禾立丰生物科技药业有限公司
	烟青虫	内蒙古帅旗生物科技股份有限公司
印楝素	小菜蛾	云南绿戎生物产业开发股份有限公司

（续）

生防产品	防治对象	企业名称
苦皮藤素	甜菜夜蛾	山东惠民中联生物科技有限公司 山东圣鹏科技股份有限公司
	菜青虫	河南省新乡市东风化工厂
	菜青虫、甜菜夜蛾、斜纹夜蛾	成都新朝阳作物科学股份有限公司
	跳甲、根蛆	陕西康禾立丰生物科技药业有限公司
苦参·印楝素	小菜蛾	云南绿戎生物产业开发股份有限公司
	蚜虫	福建省漳州市龙文农化有限公司
苦参·藜芦碱	小菜蛾	陕西康禾立丰生物科技药业有限公司
虫菊·印楝素	小菜蛾	上海宜邦生物工程（信阳）有限公司
虫菊·苦参碱	蚜虫	赤峰中农大生化科技有限责任公司 云南南宝生物科技有限责任公司
烟碱·苦参碱	蚜虫	河南省安阳市五星农药厂
斜纹夜蛾核型多角体病毒	斜纹夜蛾	福建省漳州市龙文农化有限公司 广东新景象生物工程有限公司 广东省广州市中达生物工程有限公司 湖南泽丰农化有限公司 河南省济源白云实业有限公司 江西新龙生物科技股份有限公司
甘蓝夜蛾核型多角体病毒	小菜蛾、棉铃虫	江西新龙生物科技股份有限公司

（续）

生防产品	防治对象	企业名称
甜菜夜蛾核型多角体病毒	甜菜夜蛾	佛山市高明区万邦生物有限公司 广东省广州市中达生物工程有限公司 河南省济源白云实业有限公司 南宁泰达丰生物科技有限公司 武汉楚强生物科技有限公司
棉铃虫核型多角体病毒	棉铃虫	河南省济源白云实业有限公司
苜蓿银纹夜蛾核型多角体病毒	甜菜夜蛾	江西文达实业有限公司 广东植物龙生物技术股份有限公司 江西田友生化有限公司 绩溪县庆丰天鹰生化有限公司

附表2 本书涉及的节肢动物拉丁学名

种类	拉丁学名
侧多食跗线螨	*Polyphagotarsonemus latus*
朱砂叶螨	*Tetranychus cinnabarinus*
二斑叶螨	*Tetranychus urticae*
烟蓟马	*Thrips tabaci*
西花蓟马	*Frankliniella occidentalis*
花蓟马	*Frankliniella intonsa*
茶黄蓟马	*Scirtothrips dorsalis*
美洲斑潜蝇	*Liriomyza sativae*
南美斑潜蝇	*Liriomyza huidobrensis*
三叶斑潜蝇	*Liriomyza trifolii*
番茄斑潜蝇	*Liriomyza bryoniae*
烟粉虱	*Bemisia tabaci*
温室白粉虱	*Trialeurodes vaporariorum*
棉蚜	*Aphis gossypii*
桃蚜	*Myzus persicae*
萝卜蚜	*Lipaphis erysimi*
大戟长管蚜	*Macrosiphum euphorbiae*
禾谷缢管蚜	*Rhopalosiphum padi*
斜纹夜蛾	*Spodoptera litura*
甜菜夜蛾	*Spodoptera exigua*
棉铃虫	*Helicoverpa armigera*
烟青虫	*Helicoverpa assulta*
小地老虎	*Agrotis ipsilon*

（续）

种类	拉丁学名
大地老虎	*Agrotis tokionis*
黄地老虎	*Agrotis segetum*
东北大黑鳃金龟	*Holotrichia diomphalia*
暗黑鳃金龟	*Holotrichia parallela*
铜绿丽金龟	*Anomala corpulenta*
黄褐丽金龟	*Anomala exoleta*
华北大黑鳃金龟	*Holotrichia oblita*
华北蝼蛄	*Gryllotalpa unispina*
东方蝼蛄	*Gryllotalpa orientalis*
细胸金针虫	*Agriotes fuscicollis*
沟金针虫	*Pleonomus canaliculatus*
烟蚜茧蜂	*Aphidius gifuensis*
丽蚜小蜂	*Encarsia formosa*
浆角蚜小蜂	*Eretmocerus eremicus*
豌豆潜蝇姬小蜂	*Diglyphus isaea*
东亚小花蝽	*Orius sauteri*
南方小花蝽	*Orius similis*
微小花蝽	*Orius minutus*
中华草蛉	*Chrysoperla sinica*
大草蛉	*Chrysopa pallens*
丽草蛉	*Chrysopa formosa*
普通草蛉	*Chrysopa carnea*
异色瓢虫	*Harmonia axyridis*
龟纹瓢虫	*Propylaea japonica*

（续）

种类	拉丁学名
七星瓢虫	*Coccinella septempunctata*
胡瓜新小绥螨	*Neoseiulus cucumeris*
巴氏新小绥螨	*Neoseiulus barkeri*
智利小植绥螨	*Phytoseiulus persimilis*
斯氏钝绥螨	*Amblyseius swirskii*
剑毛帕厉螨	*Stratiolaelaps scimitus*
烟盲蝽	*Nesidiocoris tenuis*
食蚜瘿蚊	*Aphidoletes aphidimyza*
瘦弱秽蝇	*Coenosia attenuata*
黑带食蚜蝇	*Episyrphus balteatus*
夜蛾斯氏线虫	*Steinernema feltiae*
嗜菌异小杆线虫	*Heterorhabditis bacteriophora*

主要参考文献

白小军，王晓箐，侍梅，等，2014. 5种生物农药对温室辣椒蓟马的田间药效评价. 农药，53(6): 453-455.

曹增，刘馨，张友军，等，2015. 丽蚜小蜂对不同寄主植物上“Q型”烟粉虱的寄生特性. 中国生物防治学报，31 (4): 453-459.

李兰，张战利，张渭薇，等，2014. 0.6%印楝素乳油防治温室白粉虱药效试验. 陕西农业科学，60(4): 32-33.

刘杰，2012. 0.3%苦参碱不同浓度防治辣椒蚜虫的药效试验. 新疆农垦科技，35(11): 37.

刘万学，王文霞，王伟，等，2013. 潜蝇姬小蜂属寄生蜂对潜叶蝇的控害特性及应用. 昆虫学报，56(4): 427-437.

蒋月丽，武予清，段云，等，2011. 释放东亚小花蝽对大棚辣椒上几种害虫的防治效果. 中国生物防治学报，27(3): 414-417.

侯峥嵘，李锦，李金萍，等，2018. 释放东亚小花蝽对三种设施蔬菜蓟马的防治效果. 湖北农业科学，57(22): 67-69.

皇甫伟国，唐璞，柴伟钢，等，2010. 三叶草斑潜蝇的寄生蜂及其应用. 昆虫知识，47(4): 646-651.

穆常青，杨海霞，谷培云，等，2014. 9种药剂对温室彩椒西花蓟马的田间防效评价. 中国蔬菜 (10): 37-39.

潘明真，2015. 利用‘小麦—蚜虫—烟蚜茧蜂’载体植物系统防治蔬菜蚜虫的研究. 杨凌: 西北农林科技大学.

吴圣勇，杨清坡，徐长春，等，2019. 昆虫病原真菌和捕食螨间的互作关系及二者联合应用研究进展. 中国生物防治学报，35(1):127-133.

肖英方，毛润乾，沈国清，等，2012. 害虫生物防治新技术——载体植物系统. 中国生物防治学报，28(1): 1-8.

薛正帅，2015. 烟盲蝽在生物防治上的研究现状与应用前景. 天津农业科学，21(10): 118-120.

杨集昆，1974. 草蛉的生活习性和常见种类. 应用昆虫学报，3: 36-41.

王胤，王新凯，李锦，等，2018. 4种药剂对辣椒蚜虫的防治效果. 浙江农业科学，59(12): 2171-2173.

张洁，杨茂发，2007. 食蚜瘿蚊对3种蚜虫捕食作用的研究. 安徽农业科学(36): 11897-11898.

张安盛，于 毅，李丽莉，等，2007. 东亚小花蝽成虫对西花蓟马若虫的捕食功能反应与搜寻效应. 生态学杂志，29(11): 6285-6291.

张天澍，常晓丽，滕海媛，等，2018. 释放方法对异色瓢虫防控辣椒桃蚜效果的影响. 植物保护，44(6): 210-213.

张帆，张君明，罗晨，等，2011. 蔬菜地下害虫的生物防治. 中国蔬菜 (3): 30-32.

邹德玉，徐维红，刘晓琳，等，2017. 瘦弱秽蝇在生物防治中的研究进展与展望. 环境昆虫学报，39(2): 444-452.

Amorós-Jiménez R, Belliure B, Franco L G, et al., 2012. Releasing syrphid larvae (Diptera: Syrphidae) as an effective aphid biocontrol strategy in Mediterranean sweet-pepper greenhouses. IOBC-WPRS Bulletin, 80: 183.

Bosco L, Giacometto, E, Tavella L, 2008. Colonization and predation of thrips (Thysanoptera: Thripidae) by *Orius* spp. (Heteroptera: Anthocoridae) in sweet pepper greenhouses in Northwest Italy. Biological Control, 44(3): 331-340.

Calvo F J, Bolckmans K, Belda J E, 2012. Biological control-based IPM in sweet pepper greenhouses using *Amblyseius swirskii* (Acari: Phytoseiidae). Biocontrol Science and Technology, 22(12): 1398-1416.

Chang Y D, Jeon H Y, 2003. Biological control of aphids on pepper in greenhouses using *Aphidius gifuensis*. Korean Journal of Agricultural Science, 30(1): 11-19.

Farkas P, Bagi N, Szabó Á, et al., 2016. Biological control of thrips pests (Thysanoptera: Thripidae) in a commercial greenhouse in Hungary. Polish Journal of Entomology, 85(4): 437-451.

Frank S D, 2010. Biological control of arthropod pests using banker plant systems: past progress and future directions. Biological Control, 52(1): 8-16.

Georgis R, Koppenhöfer A M, Lacey L A, et al., 2006. Successes and failures in the use of parasitic nematodes for pest control. Biological Control, 38(1): 103-123.

Lasa R, Ruiz-Portero C, Alcázar M D, et al., 2007. Efficacy of optical brightener formulations of *Spodoptera exigua* multiple nucleopolyhedrovirus (SeMNPV) as a biological insecticide in greenhouses in Southern Spain. Biological Control, 40(1): 89-96.

Lin Q C, Chen H, Babendreier D, et al., 2020. Improved control of *Frankliniella occidentalis* on greenhouse pepper through the integration of *Orius sauteri* and neonicotinoid insecticides. Journal of Pest Science: https://doi.org/10.1007/s10340-020-01198-7.

Marčić D, Perić P, Petronijević S, et al., 2013. Efficacy evaluation of the mycopesticide naturalis (*Beauveria bassiana* strain ATCC 74040) against spider mites (Acari: Tetranychidae) in Serbia. IOBC-WPRS Bulletin, 93: 65-71.

Nagal G, Verma K S, Rathore L, 2016. Management of *Spodoptera litura* (Fabricius) through some novel insecticides and biopesticides on bell pepper under polyhouse environment. Advances in Life Sciences, 5(3): 1081-1084.

Nugroho I, bin Ibrahim Y, 2007. Efficacy of laboratory prepared wettable powder formulation of entomopathogenous fungi *Beauveria bassiana*, *Metarhizium anisopliae* and *Paecilomyces fumosoroseus* against the *Polyphagotarsonemus latus* (Bank) (Acari: Tarsonemidae) (broad mite) on *Capsicum annum* (Chilli). Journal of Bioscience, 18(1): 1-11.

Park H H, Kim K H, Kim J J, et al., 2010. Relationship of larval density of tobacco cutworm, *Spodoptera litura* (Lepidoptera: Noctuidae) to damage in greenhouse sweet pepper. Korean Journal of Applied Entomology, 49: 351-355.

Pérez-Hedo M, Urbaneja A, 2015. Prospects for predatory mirid bugs as biocontrol agents of aphids in sweet peppers. Journal of Pest Science, 88(1): 65-73.

Reddy M R S, Reddy G S, 1999. An eco-friendly method to combat *Helicoverpa armigera* (Hub.). Insect Environment, 4: 143-44.

Rezaei N, Karimi J, Hosseini M, et al., 2015. Pathogenicity of two species of entomopathogenic nematodes against the greenhouse whitefly, *Trialeurodes vaporariorum* (Hemiptera: Aleyrodidae), in laboratory and greenhouse experiments. Journal of Nematology, 47(1): 60-66.

Shipp J L, Whitfield G H, 1990. Functional response of the predatory mite, A*mblyseius cucumeris* (Acari: Phytoseiidae), on western flower thrips, *Frankliniella occidentalis* (Thysanoptera: Thripidae). Environmental Entomology, 20(2): 694-699.

Tellez M D M, Tapia G, Gamez M, et al., 2009. Predation of *Bradysia* sp.(Diptera: Sciaridae), *Liriomyza trifolii* (Diptera: Agromyzidae) and *Bemisia tabaci* (Hemiptera: Aleyrodidae) by *Coenosia* 104 *ormosae* 104e (Diptera: Muscidae) in greenhouse crops. European Journal of Entomology, 106(2): 199-204.

Van der Blom J, 2009. Microbiological insecticides against lepidopteran pests in greenhouse horticulture in Almeria, Spain. Bull. IOBC/WPRS, 45: 59-62.

Weintraub P G, Kleitman S, Mori R, et al., 2003. Control of the broad mite

Polyphagotarsonemus latus (Banks) on organic greenhouse sweet peppers (*Capsicum annuum* L.) with the predatory mite, *Neoseiulus cucumeris* (Oudemans). Biological Control, 27(3): 300-309.

后记

设施栽培条件下，用来防治辣椒害虫（螨）的生物防治资源较多，从理论上说，生物防治是控制辣椒害虫、提高经济和生态效益的有效措施。然而，在实际生产中真正能广泛推广，并被农户普遍接受的成功案例并不多。第一，相对于化学农药，生物防治中无论是天敌昆虫，还是微生物或植物源农药，其作用时间较慢，且受环境因素影响较大，这是农业种植者不首选生物防治的主要原因。第二，生物防治的应用时间和应用技术是决定其能否取得成功的关键，这一点对于广大农户来说较难把握，如果使用不当或者错过最佳防治时期，将直接导致防治失败。第三，尽管生物防治安全、绿色、高效，但应用商品化的生防产品成本较高。第四，多数生防作用物的作用靶标范围较窄，往往对某一种或少数几种靶标害虫效果较好，但在农业生产季节，经常是多种虫害、病害同时发生，限制了单一生防作用物的选择。

生物防治作为替代化学农药、促进设施农业绿色可持续发展的重要措施，越来越受到政府、农业部门、科研机构、广大种植户的重视。尽管存在很多缺陷，但害虫生物防治策略顺应农业绿色发展的趋势，将在害虫绿色防治中占据重要地位。政府和农业部门应积极引导和宣传生物防治理念，推动建立以生物防治为主的害虫防控策略；从事生物防治的研究者更应侧重于生防产品的规模化生产、成本控制、效益评价、多产品协同应用技术及作物害虫周年生物防治技术模式等方面的研究，提高害虫生物防治的理论和实践水平；广大种植户应在农业生产中多总结生物防治技术和经验，提高生物防治措施的应用效果。

本书仅以设施辣椒害虫生物防治为例，对相关研究和生产经验进行总结，并提出一些个人观点。在参考国内外的报道中，有的害虫有多种生物防治措施，本书仅列出主要的方法。另外，有的害虫在设施辣椒中尚没有相对成功的生物防治案例报道。由于作者水平有限，写作不当之处还请读者朋友批评指正，多提宝贵意见。

图书在版编目（CIP）数据

设施辣椒害虫生物防治技术／吴圣勇主编．—北京：中国农业出版社，2020.10（2021.11重印）
ISBN 978-7-109-27094-7

Ⅰ.①设…　Ⅱ.①吴…　Ⅲ.①辣椒-蔬菜园艺-设施农业-蔬菜害虫-生物防治　Ⅳ.①S436.418.2

中国版本图书馆CIP数据核字（2020）第130001号

SHESHI LAJIAO HAICHONG SHENGWU FANGZHI JISHU

中国农业出版社出版
地址：北京市朝阳区麦子店街18号楼
邮编：100125
责任编辑：阎莎莎
版式设计：杜　然　　责任校对：沙凯霖
印刷：中农印务有限公司
版次：2020年10月第1版
印次：2021年11月北京第2次印刷
发行：新华书店北京发行所
开本：880mm×1230mm　1/32
印张：3
字数：70千字
定价：29.00元